EUROPA-FACHBUCHREIHE
für Metallberufe

AF840088

Metallbautechnik Arbeitsbuch

Für Metallbauer/-in und Konstruktionsmechaniker/-in

nach Lernfeldern Grundstufe

1. Auflage

VERLAG EUROPA-LEHRMITTEL · Nourney, Vollmer GmbH & Co. KG
Düsseldorfer Straße 23 · 42781 Haan-Gruiten

Europa-Nr.: 17390

Autoren

Fehrmann, Michael	Dipl.-Ing. (FH), Studiendirektor	Waiblingen
Hillebrand, Thomas	Studiendirektor	Wipperfürth
Kinz, Ullrich	Studiendirektor	Groß-Umstadt
Kluge, Manfred	Dipl.-Ing., Oberstudiendirektor	Schorndorf

Lektorat und Leitung des Arbeitskreises:
Manfred Kluge, Schorndorf
Thomas Hillebrand, Wipperfürth

Für die Mitarbeit an der Erstellung des Buches dankt der Arbeitskreis Herrn Armin Steinmüller.

Bildentwürfe und Fotos:
MEBA Metall-Bandsägemaschinen GmbH, Westerheim: 99-1, 106-1
Adobe Systems Software Irland Ltd., Adobe Stock, IRL-Dublin© Александр Поташев: 127-1
Alle Bilder im Buch ohne Quellenangaben wurden vom Zeichenbüro des Verlags Europa-Lehrmittel, Ostfildern, oder von den Autoren erstellt und bearbeitet.

Bildbearbeitung:
Zeichenbüro des Verlages Europa-Lehrmittel, Nourney, Vollmer GmbH & Co. KG,
73760 Ostfildern

Diesem Buch wurden die neuesten Ausgaben der DIN-Blätter und die VDI/VDE-Richtlinien zugrunde gelegt. Verbindlich sind jedoch nur die DIN-Blätter und die VDI/VDE-Richtlinien selbst.
Verlag für die DIN-Blätter: Beuth-Verlag GmbH, Burggrafenstraße 6, 10787 Berlin.
Verlag für die VDE-Bestimmungen: VDE-Verlag GmbH, Bismarckstraße 33, 10625 Berlin.

1. Auflage 2019, korrigierter Nachdruck 2024
Druck 5 4 3 2
Alle Drucke derselben Auflage sind parallel einsetzbar, da sie bis auf die Korrektur von Druckfehlern identisch sind.

ISBN 978-3-8085-1739-0

Satz: PER MEDIEN & MARKETING GmbH, 38102 Braunschweig
Umschlag: braunwerbeagentur, 43477 Radevormwald
Umschlagfotos: Bildmaterial des Arbeitskreises
Druck: mediaprint solutions GmbH, 33100 Paderborn

Vorwort

Dieses Arbeitsbuch macht für die fertigungs- und metallbautechnischen Ausbildungsberufe Vorschläge um die vorgesehenen Lerninhalte mithilfe von Fachbuch, Tabellenbuch und weiterer Recherchen weitgehend selbstständig zu vermitteln. Das Buch fördert den Erwerb mathematischer, fachtheoretischer und fachpraktischer Kompetenzen sowie Fähigkeiten in der Technischen Kommunikation. Es wurde in fünf Kapitel gegliedert, entsprechend der vier grundlegenden Lernfelder in der Metalltechnik und einem Zeichenlehrgang:

- LF 1 Fertigen von Bauelementen mit handgeführten Werkzeugen
- LF 2 Fertigen von Bauelementen mit Maschinen
- LF 3 Herstellen von einfachen Baugruppen
- LF 4 Warten technischer Systeme
- Einführung Technisches Zeichnen

Von den Autoren wurden die Beispiele so gewählt, dass sie junge Menschen ansprechen, einen hohen Praxisbezug haben und auch in Schulwerkstätten oder Betrieben im Rahmen der praktischen Ausbildung gefertigt werden können.

Ein Lösungsband mit Lösungsvorschlägen erleichtert den Lehrkräften die Arbeit. Weiterführende Inhalte können von den Internetseiten des Verlags mit dem jeweiligen Link heruntergeladen werden.

Die Autoren und der Verlag sind jedem Leser für Hinweise dankbar, die zur Weiterentwicklung und Verbesserung dieses Arbeitsbuches beitragen können (Lektorat@europa-lehrmittel.de).

Frühjahr 2019

Autoren und Verlag

Didaktische-methodische Hinweise

Mit diesem Arbeitsbuch soll der handlungsorientierte Unterricht an Berufsschulen, Berufsfachschulen und Berufskollegs gefördert werden. Der Unterricht sollte sich an späteren beruflichen Handlungen und Arbeitssituationen orientieren.

Knapp formulierte Aufträge bilden den Ausgangspunkt des Lernens und Handelns. Bei jedem Arbeitsauftrag wird der Auszubildende entlang der beruflichen Handlungsstruktur über die Phasen Informieren, Planen, Durchführen und Kontrollieren zum Arbeitsergebnis geführt.

INFORMIEREN Hier muss sich der Lernende vorrangig über Zeichnungen und Stücklisten, aber auch andere Materialien über die Lernsituation informieren. Das erfordert eine aktive Auseinandersetzung mit dem Arbeitsauftrag.

PLANEN Der Lernende stellt Überlegungen zur Planung der einzelnen Arbeitsschritte an. Dabei muss er theoretische Kenntnisse mit praktischen Erfordernissen verknüpfen.

DURCHFÜHREN Der Lernende führt theoretische und praktische Kenntnisse über die Durchführung beruflicher Handlungen zusammen. Der Vergleich von Lösungsmöglichkeiten wird angeregt.

KONTROLLIEREN Der Lernende kontrolliert seine Arbeitsergebnisse, bewertet sie und zieht entsprechende Schlüsse für die weitere Arbeit.

Inhaltsverzeichnis

Fertigen von Bauelementen mit handgeführten Werkzeugen

Name: | Klasse: | Datum: | Seite:

Auftrag:

Sie haben vor einigen Tagen mit Ihrer Ausbildung begonnen und sind 16 Jahre alt.
In Ihrer Firma sollen die gesetzlichen Regeln des Arbeits- und Gesundheitsschutzes beachtet werden. Die Einhaltung dieser Regeln ist nicht nur gesetzlich, sondern auch moralisch-ethisch verpflichtend.
Die fachpraktischen Tätigkeiten in der Werkstatt erfordern eine Sensibilisierung und Einhaltung der Regeln zum Arbeits- und Gesundheitsschutz. Aus diesem Grund sollen Sie sich zunächst mit den Sicherheits- und Unfallverhütungsvorschriften vertraut machen.

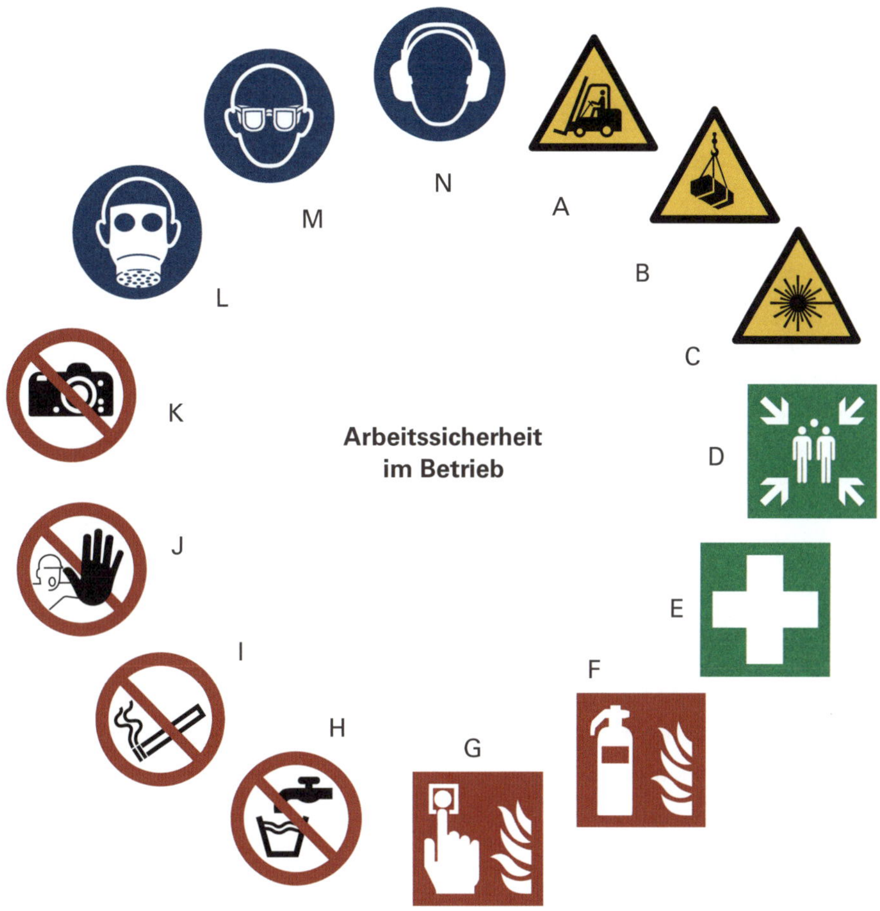

Sicherheitskennzeichen
Hinweis: Die Fragen sind teilweise unter Zuhilfenahme der entsprechenden DGUV-Vorschriften zu lösen.

Link Arbeitsschutz im Betrieb

Link Informationen Betriebsanweisungen

Link DGUV 52 Krane

1. Sicherheitszeichen (Bild oben) lassen sich in fünf Gruppen einteilen. Benennen Sie die fünf Gruppen und geben Sie an, woran man Sicherheitszeichen der jeweiligen Gruppe erkennen kann.

1.		
2.		
3.		
4.		
5.		

Fertigen von Bauelementen mit handgeführten Werkzeugen

Name:	Klasse:	Datum:	Seite:

2. Was bedeuten die Sicherheitskennzeichen (Bild Seite 5, Buchstaben A bis N)? Zu welcher Gruppe der Sicherheitszeichen (siehe Aufgabe 1, Nr. 1 bis 5) gehören diese? Kreuzen Sie die richtige Zuordnung an.

Symbol	Bedeutung	Sicherheitsgruppe (siehe Aufgabe 1)				
		1	2	3	4	5
A						
B						
C						
D						
E						
F						
G						
H						
I						
J						
K						
L						
M						
N						

3. Das Bild rechts zeigt eine Betriebsanweisung.

a) Wozu werden Betriebsanweisungen erstellt?

b) Welche Informationen enthalten Betriebsanweisungen?

BETRIEBSANWEISUNG

Europa-Lehrmittel — Nummer: 08-15

ANWENDUNGSBEREICH

Arbeiten an konventionellen Bohrmaschinen

GEFAHREN FÜR MENSCH UND UMWELT

- Gefahr durch schnell rotierende Bohrspindel, Bohrfutter und Bohrwerkzeug
- Einzuggefahr durch rotierende Spindel und rotierende Bohrwerkzeuge
- Verletzungen der Füße durch herabfallende Werkstücke
- Augenverletzungen durch herumfliegende Späne und evtl. Kühlschmiermittel
- Schnittverletzungen durch Späne und scharfkantige Werkstücke
- Gefährdung der Haut durch Kühlschmiermittel

SCHUTZMAẞNAHMEN

Persönliche Schutzausrüstungen

- Sicherheitsschuhe
- Eng anliegende Arbeitskleidung
- Ringe, Ketten, Armbanduhren o. ä. Gegenstände nicht tragen
- Schutzbrille bei laufender Maschine
- Lange Haare bündeln durch Haarnetz oder Kappe
- Bei laufender Maschine Verbot des Tragens von Schutzhandschuhen
- Hautschutz und -pflege gemäß Hautschutzplan

Verhaltensregeln

- Werkstück beim Bohren sicher spannen (nur Spannvorrichtungen mit verdeckten oder versenkten Schrauben benutzen)
- Niemals bei laufender Maschine ein- oder ausspannen
- Maschine nur bei Stillstand säubern
- Keine Mess-, Tuschier- und Markierungsarbeiten (z. B. Ankörnen usw.) bei laufender Maschine durchführen; Maschine dazu abschalten!

VERHALTEN BEI STÖRUNGEN

- Bohrmaschine abschalten (NOT-AUS, Hauptschalter)
- Vorgesetzten verständigen

VERHALTEN BEI UNFÄLLEN, ERSTE HILFE — Ersthelfer: 02104 6916-0 — **Notruf: 112**

- Unfallstelle absichern
- Ersthelfer und Vorgesetzten verständigen
- Verletzte betreuen

INSTANDHALTUNG, ENTSORGUNG

- Zur Wartung und Instandsetzung die Betriebsanleitung des Herstellers beachten
- Reparaturen nur von Sachkundigen durchführen lassen
- Für die Entsorgung ist zuständig: Herr Supergenau

Datum: 2018-05-27 — Unterschrift:

Name:	Klasse:	Datum:	Seite:

c) Wo werden die Betriebsanweisungen ausgehängt?

____

____

4. Als Mitarbeiter/-in haben Sie die Pflicht sich durch entsprechende persönliche Schutzausrüstung (PSA) vor Gefahren und Verletzungen zu schützen. Das Bild unten zeigt einen Mitarbeiter mit entsprechenden Schutzausrüstungsgegenständen. Benennen Sie die entsprechende Schutzausrüstung und weisen Sie die Buchstaben der Gebotszeichen zu, die das Tragen vorschreibt.

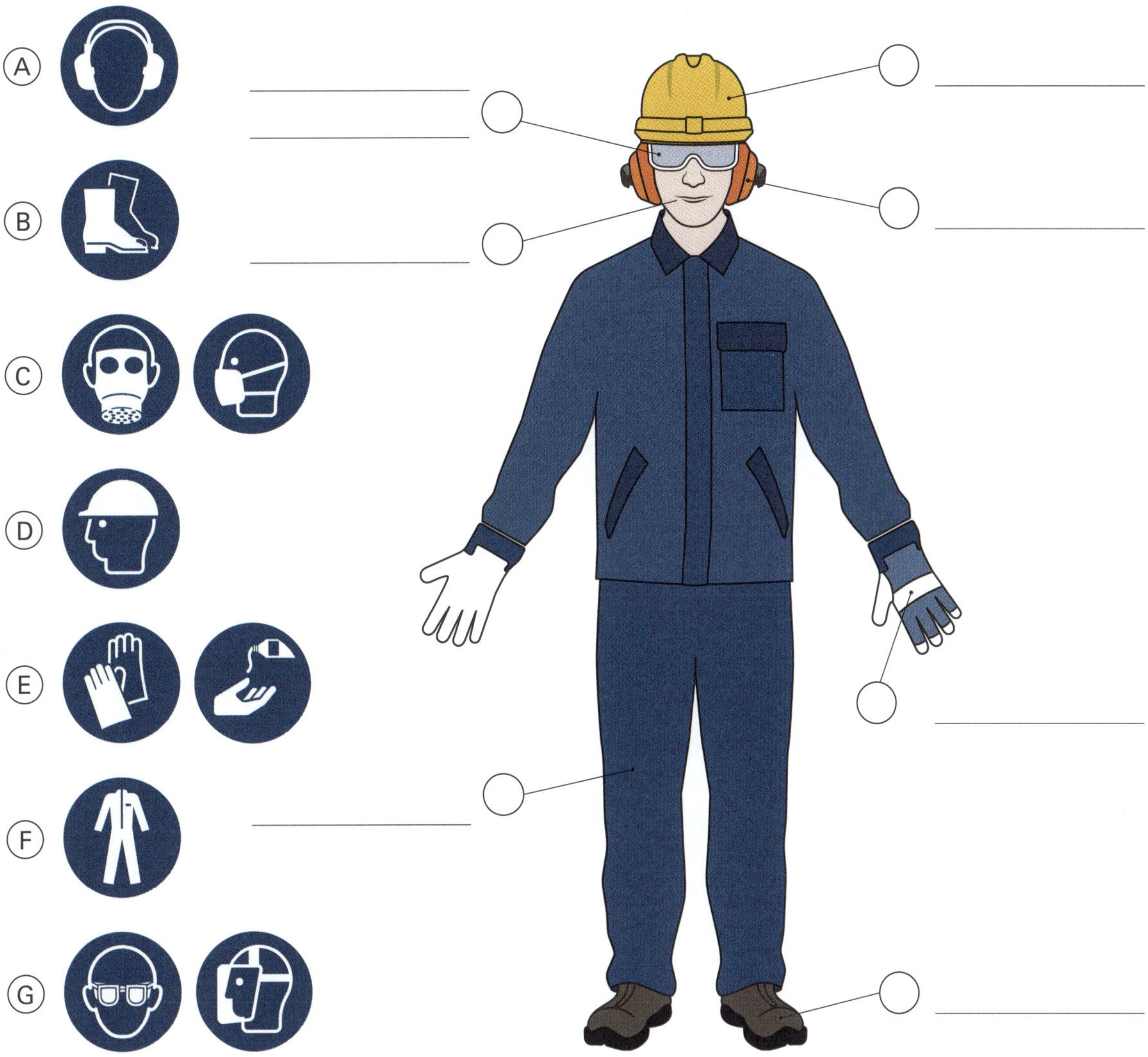

5. Was geschieht, wenn Sie gegen Sicherheitsvorschriften verstoßen?

____

____

____

6. Ein Kollege bittet Sie mit dem Kran rundes Stangenmaterial auf die Bandsägemaschine zu heben.

a) Dürfen Sie den Kran bedienen?

____

____

____

b) Nennen Sie fünf Pflichten, die Sie als Kranführer beachten müssen.

7. Nennen Sie drei Gründe, die zu einem Unfall führen können.

1.

2.

3.

8. Szenario: Sie arbeiten an der Schlagschere und schneiden Bleche zu. Ihr Kollege arbeitet neben Ihnen an der Bandsäge und sägt eine Kontur an einem Blech aus. Nach einigen Minuten bricht das Sägeband der Säge ab und schleudert gegen seine Schulter. Durch die Wucht bleibt das Sägeband in seiner Schulter stecken.

a) Was haben Sie unverzüglich zu tun?

b) Wo wird ein Unfall dokumentiert?

c) Wem muss der Arbeitsunfall gemeldet werden?

Fertigen von Bauelementen mit handgeführten Werkzeugen

Name:	Klasse:	Datum:	Seite:

Auftrag:

Der Schulleiter der benachbarten Grundschule ist mit Ihrem Chef gut befreundet. Die Schülerinnen und Schüler der Grundschule nehmen klassenweise am Laternenumzug zu St. Martin teil. Um die Sortierung der vielen Schülerinnen und Schüler zu vereinfachen, benötigt die Grundschule acht Schilder, auf denen die Klassennummern stehen.
Dazu hat eine Kollegin einen Entwurf in Form einer Gans gestaltet. Ihr Chef möchte die Grundschule unterstützen und hat die Herstellung der Schilder zugesagt.
Sie haben nun die Aufgabe bekommen, die acht Schilder herzustellen.

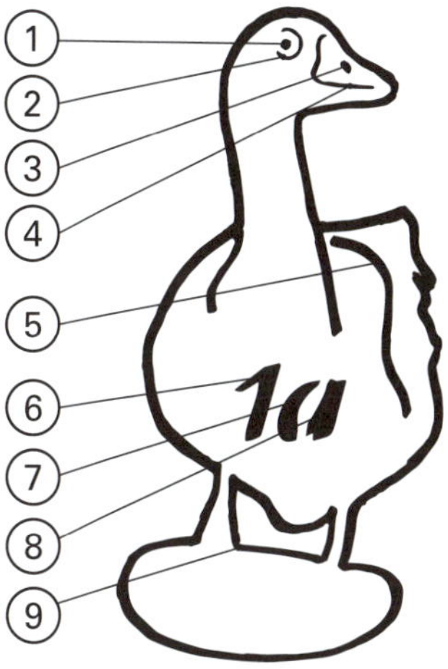

Entwurf des Gans-Schildes

INFORMIEREN

1. Damit alle Schülerinnen und Schüler das Schild gut sehen können, soll es eine Höhe von 600 mm haben.

a) Um wie viel Prozent müssen Sie die Handskizze des Entwurfes vergrößern?

b) Wie breit würde dann das Schild werden?

2. Für das Gans-Schild müssen Sie einen passenden Werkstoff aussuchen. Dazu müssen Sie sich zunächst über die verschiedenen Werkstoffe informieren.

a) Erstellen Sie eine Übersicht der Einteilung der Werkstoffe.

b) Welche vier wichtigen Eigenschaften besitzen Werkstoffe?

1.	
2.	
3.	
4.	

c) Für die Auswahl des Schildwerkstoffes müssen Sie neben den vier Werkstoffeigenschaften auch die Kosten in die Entscheidung einbeziehen. Welche der in Aufgabenteil b) aufgeführten Eigenschaften bzw. deren Untereigenschaft sind für die Auswahl des Schildwerkstoffes wichtig? Benennen Sie die konkreten Ansprüche für den konkreten Einzelfall.

d) Wählen Sie drei geeignete Werkstoffe anhand der in Aufgabenteil c) erstellten Kriterien aus und begründen Sie die Auswahl.

e) Für die Auswahl des Schildwerkstoffes müssen Sie neben den vier Werkstoffeigenschaften auch die Kosten in Ihre Entscheidung einbeziehen. Welchen Werkstoff würden Sie unter dem Gesichtspunkt der Kosten auswählen?

Sie stellen Ihrem Chef die ausgesuchten Werkstoffe vor. Er entscheidet, dass die Gans-Schilder aus einem 3 mm dicken Aluminiumblech (AlMg1) hergestellt werden sollen. Sie planen nun die weitere Herstellung der Gans-Schilder.

PLANEN

3. Für ein Gans-Schild benötigen Sie ein Blech der Größe 600 × 317 mm^2. Ihr Metalllieferant kann Ihnen Tafeln in folgenden Größen liefern:
1000 × 2000 mm^2, 1250 × 2500 mm^2 und 1500 × 3000 mm^2
Welche Tafelgröße wählen Sie aus? Begründen Sie Ihre Entscheidung.

4. Wie groß ist der prozentuale Verschnitt der Tafel, wenn Sie die Blechgröße 600 × 317 mm^2 für eine Gans als Grundlage nehmen?

5. Berechnen Sie die Masse der Blechtafeln.

6. Erkundigen Sie sich nach dem aktuellen Preis für eine Tafel Blech aus Aluminium in der Größe 1000 × 2000 mm^2. (Sollten Sie keinen Preis ermitteln können, rechnen Sie mit einem Preis von 188,90 EUR).
Wie hoch sind die Materialkosten für den Rohling eines Gans-Schildes?

7. Vergleichen Sie die Kosten mit den Kosten für ein Gans-Schild aus Kupfer. Erkundigen Sie sich nach dem aktuellen Preis für eine Tafel Blech aus Kupfer in der Größe 1000 × 2000 mm^2, 1,5 mm Dicke. (Sollten Sie keinen Preis ermitteln können, rechnen Sie mit einem Preis von 761,65 EUR). Um wie viel Prozent wäre das Kupferschild teurer?

Fertigen von Bauelementen mit handgeführten Werkzeugen

Name:	Klasse:	Datum:	Seite:

DURCHFÜHREN

8. Die Kontur der Gans muss mit einer Säge ausgesägt werden. Was versteht man unter dem Begriff „Sägen"?

9. Die Außen- und Innenkonturen der Gans sollen mit einer Säge ausgesägt werden. Wählen Sie geeignete Sägen für diese Arbeiten aus und geben Sie die Vor- und Nachteile an.

Säge	Vorteile	Nachteile

10. Wählen Sie zum Sägen der Außenkontur eine Säge aus.

11. Welche Zahnteilung sollte die von Ihnen verwendete Säge besitzen? Begründen Sie Ihre Antwort.

Name: | Klasse: | Datum: | Seite:

12. Wählen Sie für das Aussägen der Innenkontur (Pos. 9 im Entwurf des Gans-Schildes) eine geeignete Säge aus und begründen Sie Ihre Auswahl.

13. Wie wird bei der vertikalen Maschinenbandsäge verhindert, dass das Sägeblatt festklemmt?

a) Erklären Sie die getroffene Maßnahme mit einer entsprechenden Skizze.

b) Welche weiteren Möglichkeiten gibt es, um den Freischnitt zu erreichen?

14. Benennen Sie die Winkel der Sägezähne:

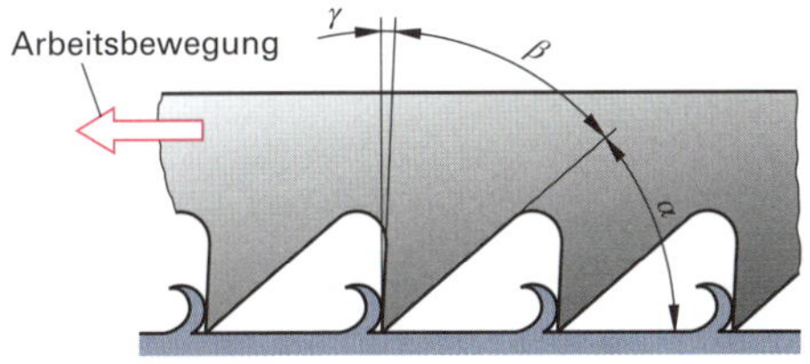

α ____

β ____

γ ____

15. Welche Sicherheitsvorschriften müssen Sie beim Aussägen beachten?

Name:	Klasse:	Datum:	Seite:

16. Bevor Sie die Innenkonturen (Pos. 2 bis 9 im Entwurf des Gans-Schildes) aussägen können, müssen Sie Löcher bohren, damit das Sägeblatt durch das Blech geführt werden kann.

a) Zu welchem Fertigungsverfahren und welchem Unterverfahren gehört das Bohren?

____

____

b) Benennen Sie die einzelnen Elemente des abgebildeten Bohrers.

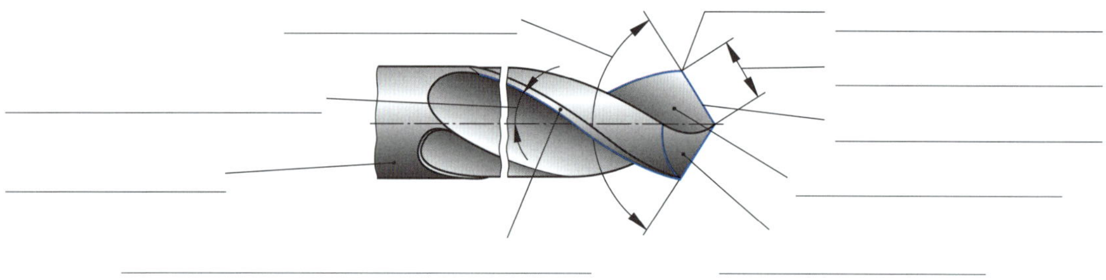

c) Wählen Sie einen Bohrertyp für die Herstellung der Bohrungen aus. Begründen Sie Ihre Auswahl.

____

d) Welchen Spitzenwinkel und welchen Drallwinkel besitzt der von Ihnen ausgewählte Bohrertyp?

____

e) Wählen Sie die geeignete Schnittgeschwindigkeit aus. Ihnen steht ein Bohrer aus beschichtetem Schnellarbeitsstahl zur Verfügung.

f) Das Auge der Gans (Pos. 1 im Entwurf des Gans-Schildes) hat einen Durchmesser von $d = 9\,\text{mm}$. Bestimmen Sie die einzustellende Drehzahl.

Hinweis: Mithilfe der Aufgaben auf Seite 17f kann ein Drehzahldiagramm erstellt werden.

g) Nennen Sie drei Sicherheitsmaßnahmen, die Sie beim Bohren beachten müssen.

____

____

____

17. Zum Abschluss müssen Sie alle Kanten des Schildes durch Feilen entgraten.

a) Was versteht man unter „Feilen"?

____

____

____

b) Beschriften Sie die Skizze einer Feile und beschreiben Sie deren Aufbau.

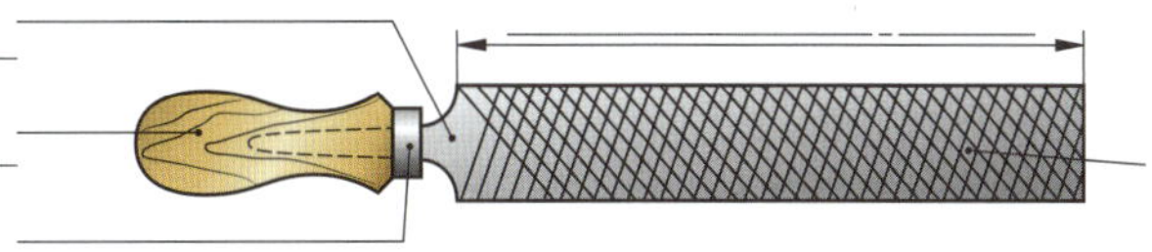

____

____

____

____

____

____

c) Wodurch unterscheiden sich gehauene und gefräste Feilen? Ergänzen Sie die Tabelle.

	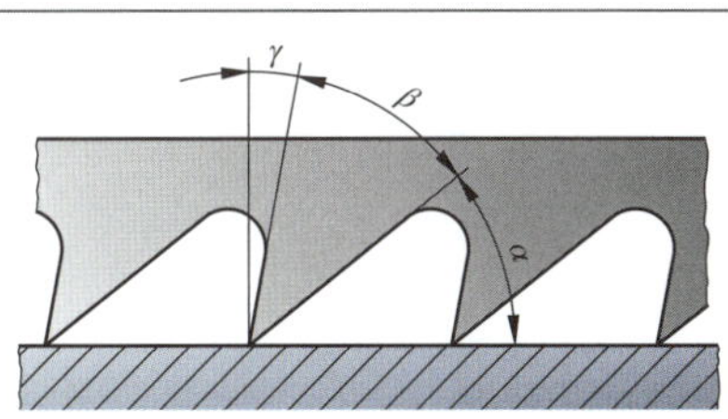 $\alpha \approx 38°$ $\gamma \approx 12°$ $\beta \approx 40°$	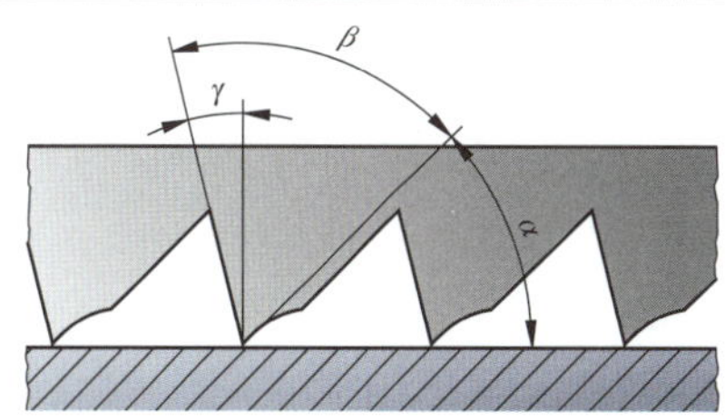 $\alpha = 28°...42°$ $\gamma = -2°...(-15°)$ $\beta = 50°...60°$
Herstellung		
Spanwinkel		
Wirkung der Feile		
Vorwiegende Verwendung		

d) Welchen Feilentyp würden Sie für das Entgraten des Bleches verwenden? Begründen Sie Ihre Entscheidung.

____

____

____

____

____

____

____

Fertigen von Bauelementen mit handgeführten Werkzeugen

Name:	Klasse:	Datum:	Seite:

e) Erklären Sie den Begriff „Hiebteilung".

f) Welche Hiebteilung sollte die Feile zum Entgraten des Schildes haben (Feilenlänge: 250 mm).

g) Nennen Sie vier Hiebarten.

h) Welche der unten abgebildeten Werkzeuge eignen sich nicht für die Entgratung der Sägenkanten des Schildes?

I II III IV V VI VII VIII

i) Nennen Sie drei Sicherheitsmaßnahmen, die Sie beim Feilen beachten müssen.

KONTROLLIEREN

18. Das fertige Schild der Gans soll vor der Übergabe kontrolliert werden. Welche Kriterien könnten Sie bei der Kontrolle berücksichtigen?

Fertigen von Bauelementen mit handgeführten Werkzeugen

Name:	Klasse:	Datum:	Seite:

Drehfrequenzberechnung (Drehzahlberechnung)

19. Berechnen Sie die fehlenden Drehfrequenzen für jeden Durchmesser bei den konstanten Schnittgeschwindigkeiten.

d in mm	v_c	9 m/min	10 m/min	18 m/min	25 m/min	30 m/min	40 m/min	48 m/min	80 m/min
3	n in min^{-1}								
5	n in min^{-1}								
7	n in min^{-1}								
9	n in min^{-1}								
11	n in min^{-1}								
13	n in min^{-1}								

20. Tragen Sie die berechneten Werte der Drehfrequenzen in das Diagramm ein.

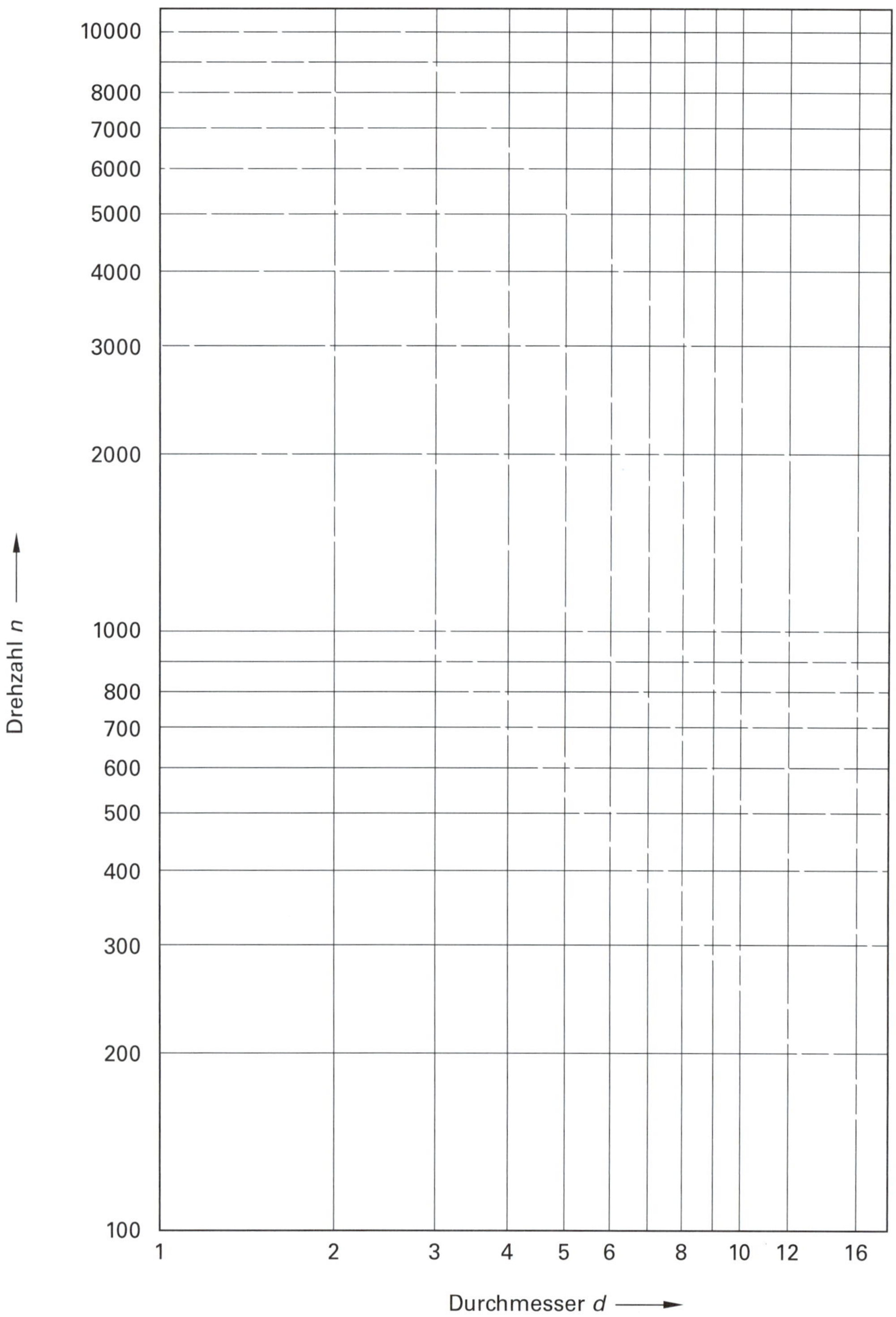

Fertigen von Bauelementen mit handgeführten Werkzeugen

Name:	Klasse:	Datum:	Seite:

Auftrag:

Ihr Nachbar bittet Sie, einen Schließmechanismus für ein Tor herzustellen. Dazu hat er Ihnen einige Bilder und eine Handskizze gegeben. Er fragt an, ob Sie den Schließmechanismus aus einem 2 mm dicken, nichtrostenden Blech herstellen können.

Bild des Tores und Handskizze:

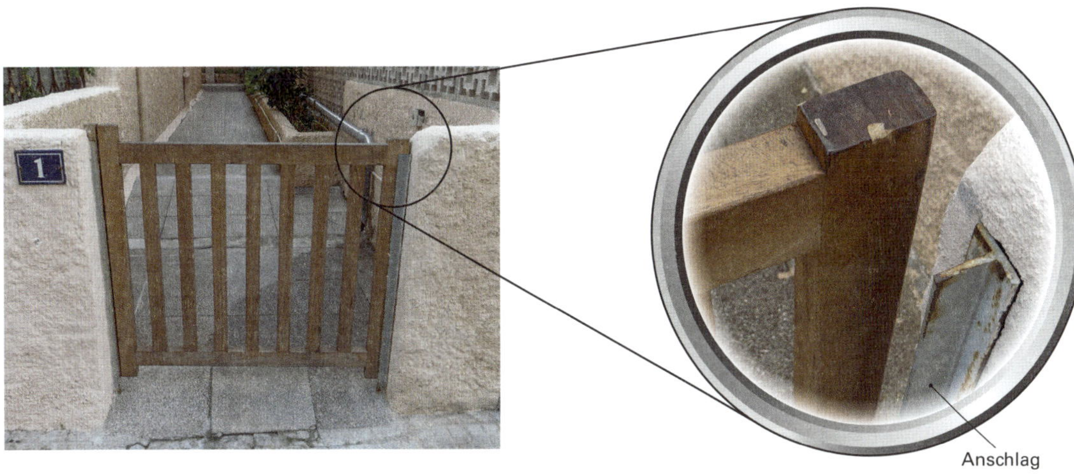

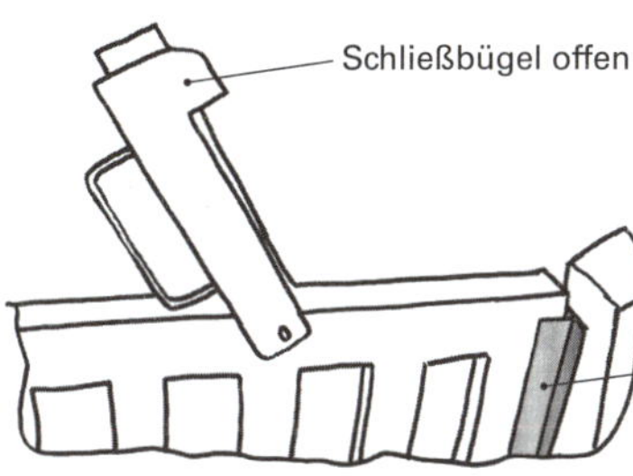

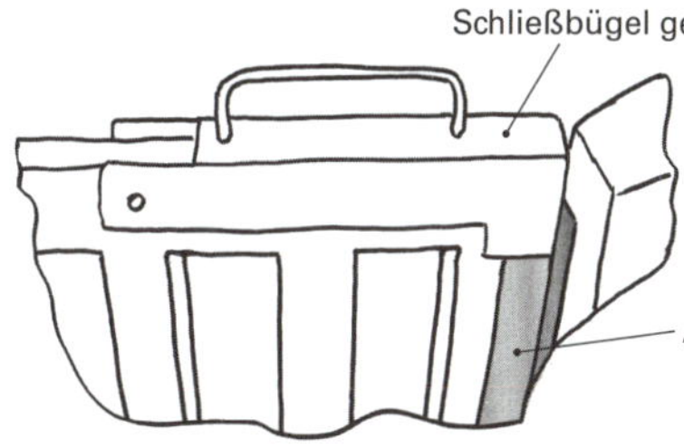

INFORMIEREN:

1. Ergänzen/Vervollständigen Sie die Mindmap zum Thema „Schließbügel".

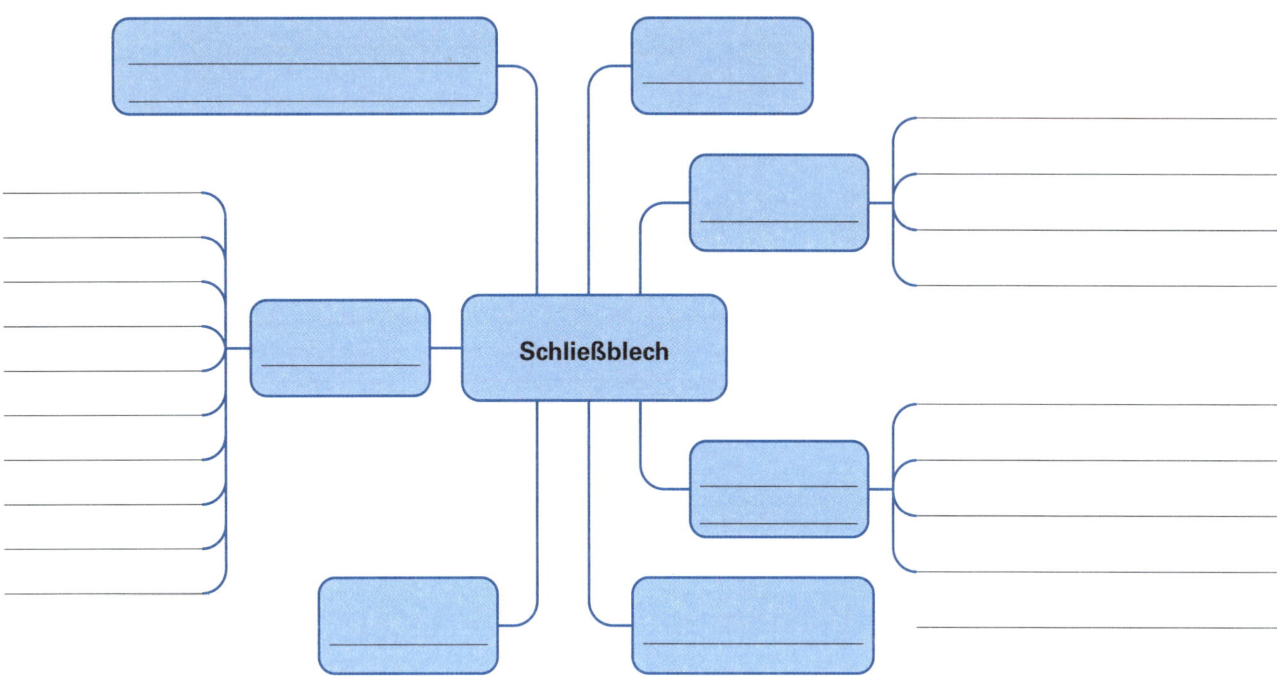

Name: | Klasse: | Datum: | Seite:

PLANEN

2. Erklären Sie, wie Sie bei der Planung und Konstruktion des Schließbügels vorgehen (Erstellung der Zeichnung, Designauswahl, erste Entwürfe, ...).

Legen Sie eine sinnvolle Reihenfolge der Schritte fest.

3. Erklären Sie mit eigenen Worten die Unterschiede zwischen „Prüfen", „Messen" und „Lehren".

4. Erklären Sie den allgemeinen Aufbau und die Funktionsweise des Messschiebers.

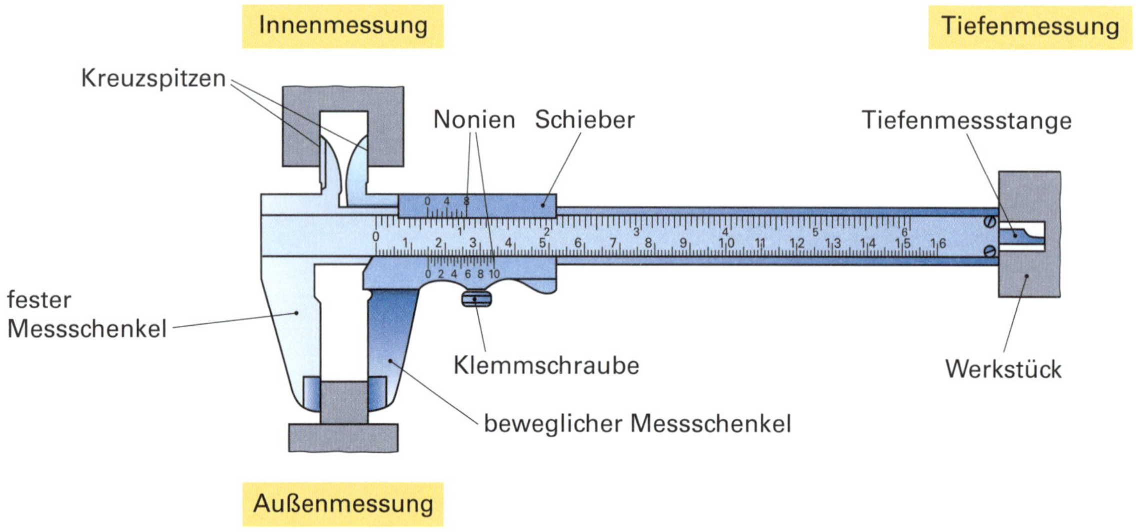

Name:	Klasse:	Datum:	Seite:

5. Erklären Sie den Maßaufbau des Nonius anhand des Bildes.

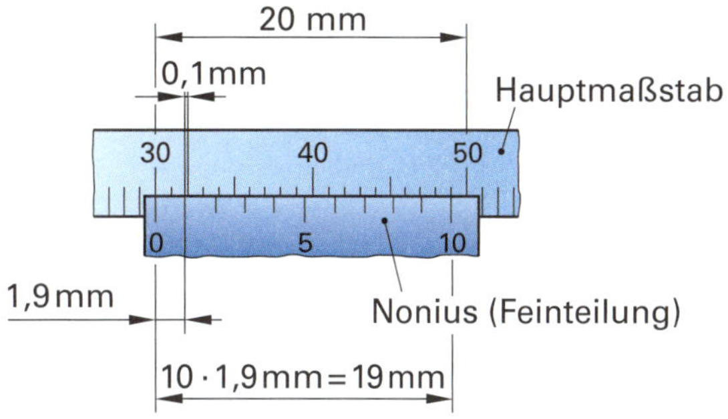

6. Bestimmen Sie die angezeigten Maße des Messschiebers mit Noniusteilung 1/20.

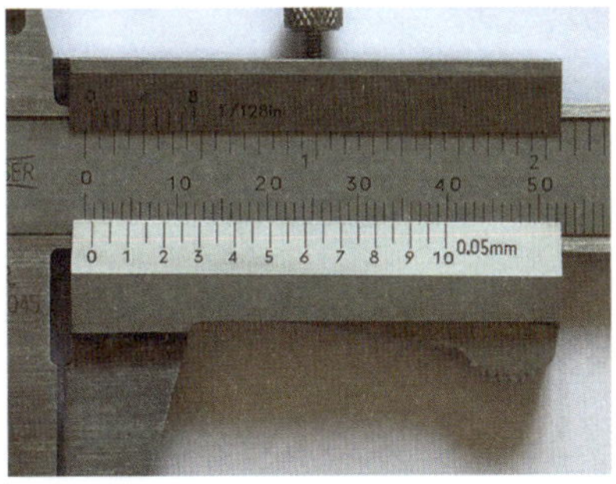	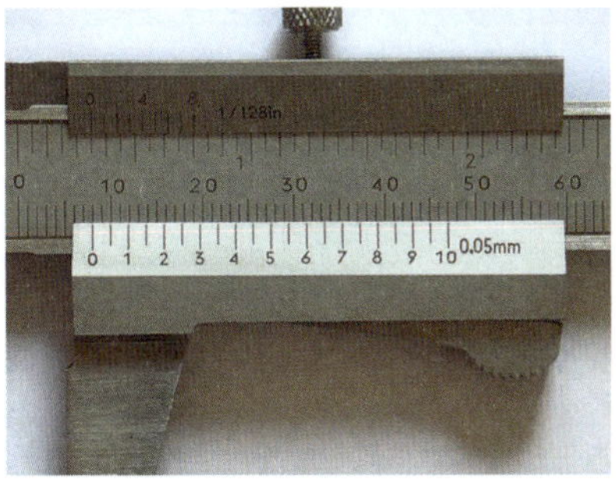	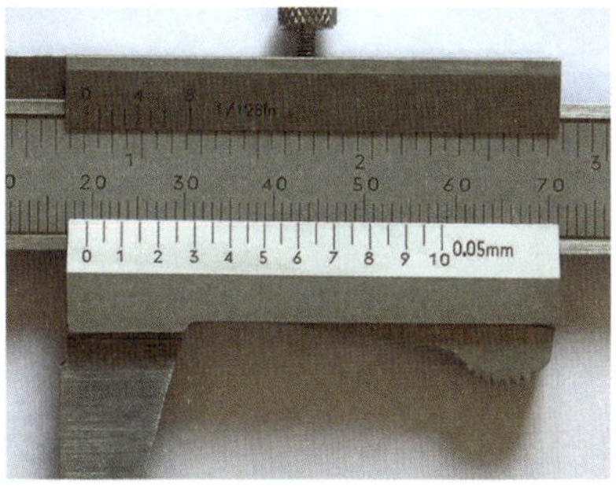
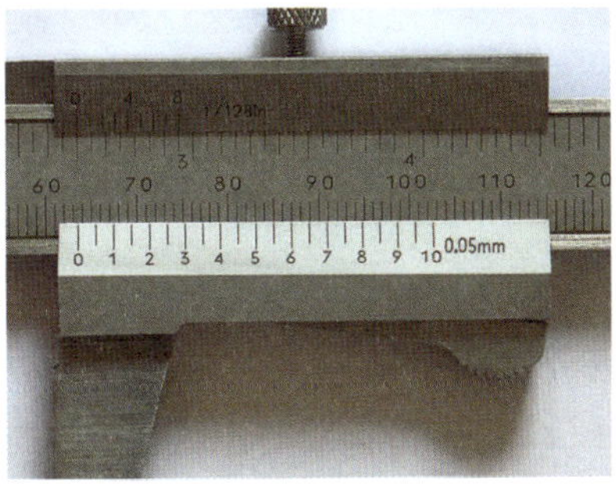	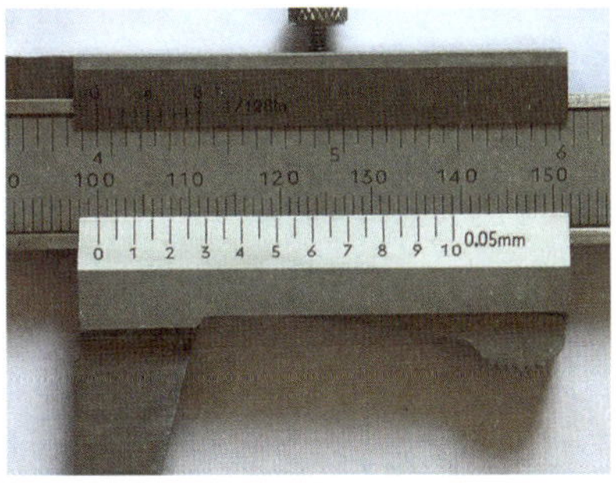	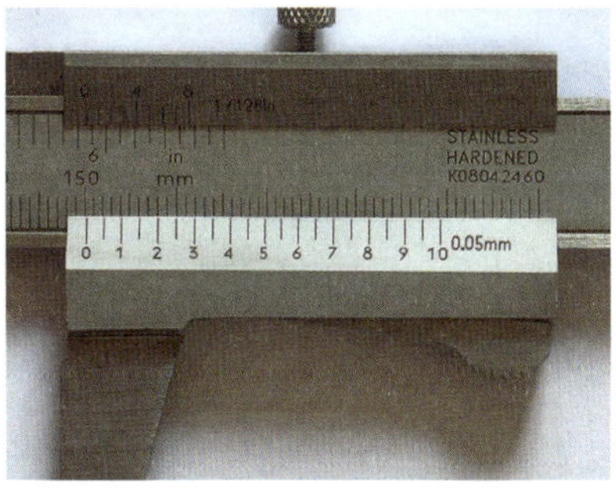

Name:	Klasse:	Datum:	Seite:

7. Welches der beiden Messgeräte (Messschieber oder Maßband) eignet sich besser zur Messung der Abmaße des Tores? Begünden Sie Ihre Antwort.

8. Erstellen Sie eine Übersicht der Einteilung der Fertigungsverfahren. Geben Sie zu jedem Fertigungsverfahren mindestens fünf Beispiele an.

Fertigungsverfahren	

9. Erstellen Sie eine Übersicht der Einteilung der Umformverfahren. Geben Sie jeweils zwei bis drei Beispiele an.

Umformen	

10. Die Holzfeuchte kann je nach Jahreszeit und Wetter zwischen 10 % und 19 % liegen. Als Sie den oberen Balken des Tores gemessen haben (siehe Aufgabe 17), hatte er eine Holzfeuchte von 16 %. Das differenzielle Schwindmaß in Prozent pro Prozent Holzfeuchteänderung beträgt 0,24 %. Bestimmen Sie das Mindest- und Höchstmaß des Balkens.

11. Bestimmen Sie die Breite des Schließbügels, wenn der Anschlag des Tores aus einem T-Profil DIN EN 10 055 – T 50 besteht und ein Mindestspiel von 0,7 mm gewährleisten soll.

Name:	Klasse:	Datum:	Seite:

12. Wählen Sie einen geeigneten Blechwerkstoff für die Herstellung des Schließbügels aus.

13. Bestimmen Sie den minimalen Biegeradius des Schließbügelbleches.
(Hinweis: Sollten für den von Ihnen ausgewählten Werkstoff keine Angaben im Tabellenbuch vorhanden sein, richten Sie sich nach dem Biegeradius eines anderen Stahles mit der gleichen Zugfestigkeit.)

14. Bestimmen Sie den minimalen Biegeradius des Schließbügelgriffes.
(Hinweis: Der Griff soll aus einem Rohr 10 × 1 hergestellt werden.)

15. Was müssen Sie beim Biegen des Rohres beachten?

16. Wählen Sie ein Fügeverfahren aus, um den Griff mit dem Blech des Schließbügels zu verbinden.

DURCHFÜHREN

17. Bestimmen Sie die Abmaße des oberen Balkens des Tores.

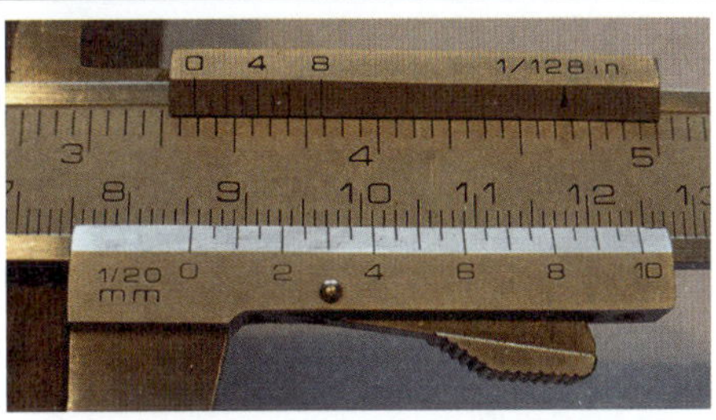

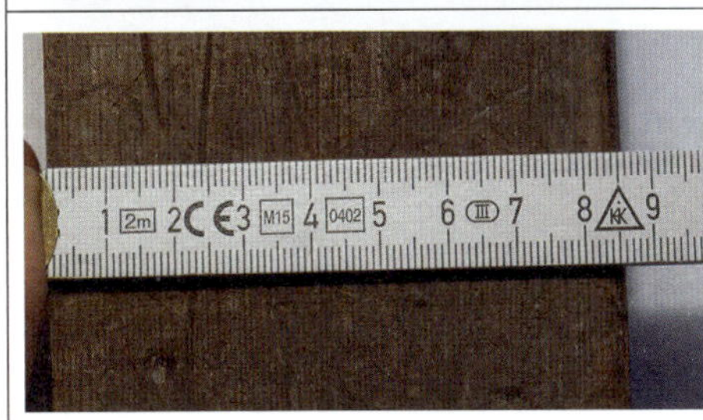

18. Erstellen Sie eine normgerechte Fertigungszeichnung des Schließbügels (Zeichnungsblatt-Vorlage siehe nächste Seite).

19. Erstellen Sie eine normgerechte Zeichnung der Abwicklung des Schließbügels mit Bemaßung (siehe Vorlage auf S. 27). Berechnen Sie dazu zunächst die gestreckte Länge des Bleches unter Berücksichtigung der Maße des Schließbügels aus Aufgaben 11 und 13.

Name:	Klasse:	Datum:	Seite:

Mögliche Lösung Fertigungszeichnung zu Aufgabe 18:

Mögliche Lösung Zeichnung der Abwicklung zu Aufgabe 19:

20. Erstellen Sie einen Arbeitsplan für die Herstellung des Schließbügels.

Auftrags-Nr.:		Bearbeiter:		Datum:	
Benennung:		Werkstoff:		Abmessungen:	
Lösgröße:		Masse/Teil:		Termin:	

Arb.-Gang	Arbeitsvorgänge/Arbeitsschritte	Maschinen/Geräte	Werkzeuge	Einstelldaten	Arbeitssicherheit	Prüfgeräte

Fertigen von Bauelementen mit handgeführten Werkzeugen

Name:	Klasse:	Datum:	Seite:

Arb.-Gang	Arbeitsvorgänge/Arbeitsschritte	Maschinen/Geräte	Werkzeuge	Einstelldaten	Arbeitssicherheit	Prüfgeräte

KONTROLLIEREN

21. Erstellen Sie einen Prüfplan für den Schließbügel.

Prüfprotokoll

Maßkontrolle für Teil: ____________

Prüf-schritt	Maß in der Zeichnung	Höchst-maß	Mindest-maß	Istmaß	Prüfmittel	Gut	Aus-schuss	Bemerkung

Datum: ____________ Prüfer: ____________ Unterschrift: ____________

Fertigen mit Maschinen

Name:	Klasse:	Datum:	Seite:

Auftrag:

Ein Kunde will verhindern, dass auf dem nahe seinem Haus befindlichen Autoabstellplatz (Carport) „wild geparkt“ wird. Aus diesem Grund wendet er sich an einen ortsansässigen Metallbaubetrieb mit dem Wunsch, ihm für diesen Autoabstellplatz einen umklappbaren Absperrpfosten anzufertigen (ähnlich wie im Bildbeispiel). Der Untergrund am Autoabstellplatz besteht aus Verbundsteinpflaster.
Ihre Aufgabe besteht darin, eine Grundplatte und zwei Seitenteile (siehe Zeichnungen auf der folgenden Seite) zur Halterung des Absperrpfostens herzustellen.
Die Bilder sind lediglich als Beispiel zu verstehen.
Der Arbeitsauftrag bezieht sich auf die Zeichnungen der Seite 32 und die Stückliste (Seite 33).

INFORMIEREN

1. Funktionsbeschreibung für den Absperrpfosten des Kundenauftrages:

Grundplatte (Pos. 1): Die nachstehenden Zeichnungen sind aus Platzgründen nicht maßstäblich dargestellt!

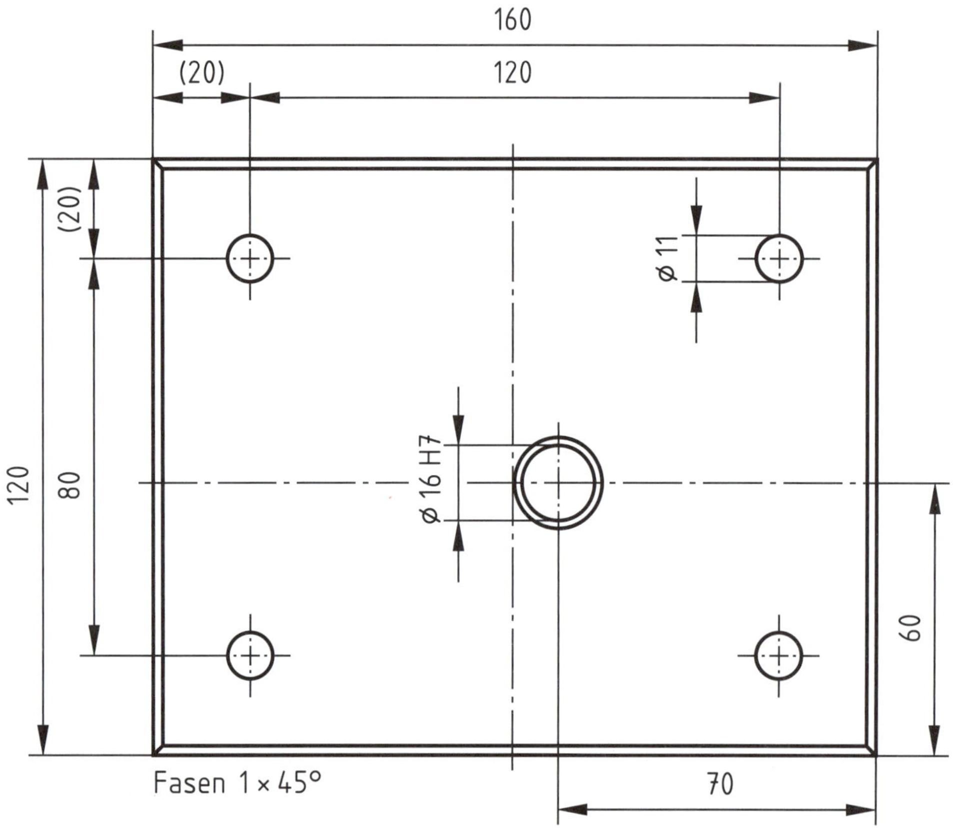

Seitenteil (Pos. 2):

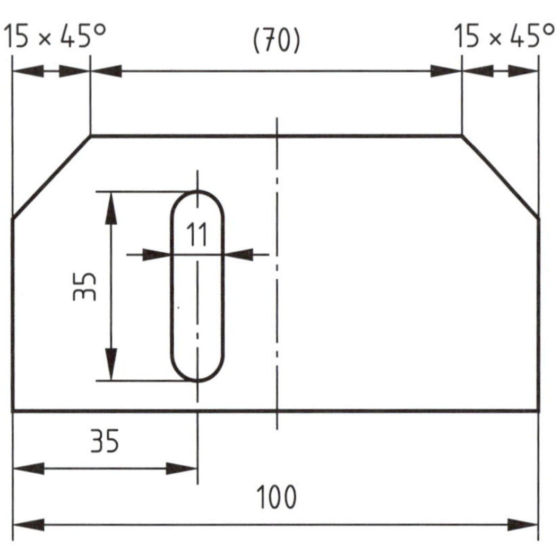

Fertigen mit Maschinen

Name:	Klasse:	Datum:	Seite:

Stückliste (unvollständig)

Pos.	Menge	Benennung	DIN/ISO	Werkstoff
1.	1	Grundplatte	FL 120 × 10 × 160	S 235 JR
1.1	1	Bolzen ohne Kopf	ISO 2340 – A – 16 × 20 – St	Automatenstahl
1.2	4	Sechskantschraube	DIN EN ISO 4014 M10 × 45 – 5.8	
2.	2	Seitenteil	FL 50 × 10 × 100	S235 JR
2.1	1	Fixierbolzen	ISO 2340 B – 10 × 85	
3.	1	Pfosten	Ro 60 × 60 × 3 × 200; DIN EN 10210-2	S235 JRH
3.1	...			
...				

2. Informieren Sie sich darüber, was man unter einem Maßstab in einer technischen Zeichnung versteht, und erklären Sie, was ein Vergrößerungsmaßstab und was ein Verkleinerungsmaßstab ist.

3. Entschlüsseln Sie mithilfe des Tabellenbuches die Bezeichnung der Sechskantschrauben (Pos. 1.2).

PLANEN

4. Fertigen Sie technische Zeichnungen mit allen notwendigen Ansichten

a) von der Grundplatte (Pos. 1.) und

b) des Seitenteils (Pos. 2.) im Maßstab 1:1 an.

Fertigen mit Maschinen

Name:	Klasse:	Datum:	Seite:

Die Zeichnungen sind aus Platzgründen nicht maßstäblich dargestellt!

Schule	Erstellt durch	Titel, zusätzlicher Titel	Dokumentenart	
Klasse	Ausgabedatum		Zeichnungs-Nr.	Blatt

Fertigen mit Maschinen

Name: | Klasse: | Datum: | Seite:

5. Erstellen Sie einen Arbeitsplan für die Fertigung der Durchgangsbohrungen mit dem ø 11 mm in der Grundplatte (Pos. 1.). Fertigen Sie hierzu eine Tabelle an.

Arbeitsschritte	Werkzeuge/Hilfsmittel	Drehzahl

6. Warum ist die Erstellung von Arbeitsplänen, auch beim Anfertigen von einzelnen Werkstücken, sinnvoll und welche Vorgaben sollten dabei eingehalten werden?

7. Entschlüsseln sie anhand der vorhergehenden Stückliste (Seite 33) und mithilfe eines Tabellenbuches die Werkstoffe der Grundplatte (Pos. 1.) und der Seitenteile (Pos. 2.). Begründen Sie die Auswahl der Werkstoffe.

Name:	Klasse:	Datum:	Seite:

DURCHFÜHREN

8. Bei der Herstellung der Grundplatte sind verschiedene Aspekte zu berücksichtigen.

Bevor man mit der spanenden Bearbeitung beginnen kann, müssen die Maße aus der technischen Zeichnung auf das Werkstück übertragen werden (Anreißen). Beschreiben Sie den Anreißvorgang für die Bohrungen in der Grundplatte unter Nennung der Anreißwerkzeuge bzw. -hilfsmittel.

9. Was zeichnet eine Anreißplatte aus? Welche Materialien werden hierfür genutzt?

10. Weshalb kommen beim Körnen Körner mit unterschiedlichem Spitzenwinkel zum Einsatz? Welcher Körner ist für Körnungen von Bohrungen auszuwählen?

11. Geben Sie mindestens ein geeignetes Spannmittel zum Spannen des Grundplattenrohteils an und erläutern Sie, welchen Zweck Spannmittel erfüllen.

12. Bei den Arbeiten am Absperrpfosten (Pos. 3.) werden am Schraubstock Schutzbacken verwendet. Aus welchem Material sind solche Schutzbacken und welchem Zweck dienen sie?

Fertigen mit Maschinen

Name: | Klasse: | Datum: | Seite:

13. Beim Bohren der Durchgangsbohrungen für die Befestigungsschrauben kommt in der Regel eine Bohrmaschine zum Einsatz. In der nebenstehenden Abbildung sind deren Funktions- und Baueinheiten besonders kenntlich gemacht.

a) Unterscheiden Sie drei verschiedene Arten von Bohrmaschinen und beschreiben Sie kurz deren jeweiliges Einsatzgebiet.

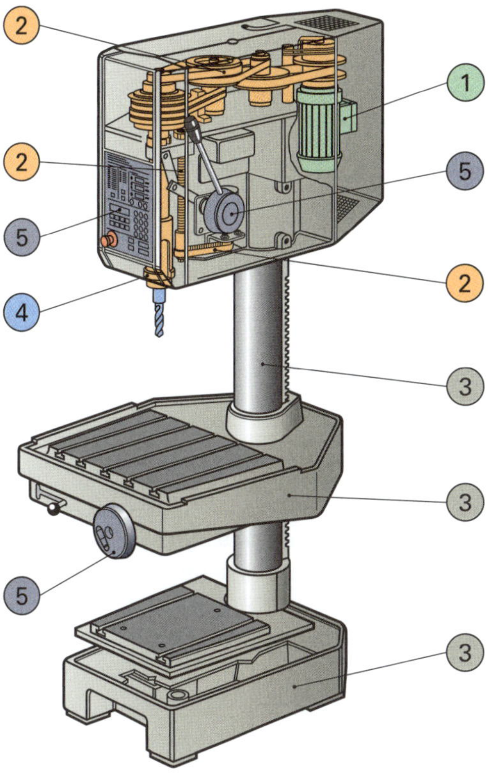

b) Nennen Sie aus jedem Bereich (1 bis 5) mindestens eine Funktions- oder Baueinheit und den dazugehörenden übergeordneten Begriff.

14. Beim Bohren der Durchgangsbohrungen für die Befestigungsschrauben wird üblicherweise die Bearbeitung unter Verwendung einer Bohremulsion durchgeführt.

a) Aus welchen Stoffen besteht eine Bohremulsion?

b) Welche Aufgaben erfüllt die Bohremulsion im Bearbeitungsprozess?

15. In der Fertigung verwenden Sie beim Bohren Werkzeuge mit der nebenstehend abgebildeten Schneidengeometrie. Wie bezeichnet man die dargestellten Winkel?

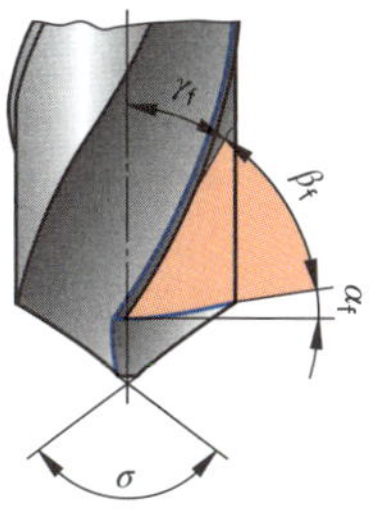

Fertigen mit Maschinen

Name: Klasse: Datum: Seite:

16. a) Beschreiben Sie mit Hilfe des Tabellenbuches die (drei) unterschiedlichen Spiralbohrertypen und geben Sie deren jeweiliges Einsatzgebiet an.

b) Welcher Spiralbohrertyp ist für die Bearbeitung der Bohrungen in der Grundplatte (Pos. 1.) erforderlich?

17. Die Schneiden eines Spiralbohrers unterliegen im Einsatz einem gewissen Verschleiß und müssen von Zeit zu Zeit nachgeschliffen werden. Nennen Sie mindestens zwei Fehler, die hierbei auftreten können, und deren Auswirkungen.

18. Beschreiben Sie die Arbeitsschritte an der Bohrmaschine, die für die Herstellung der Bohrung ⌀16 H7 erforderlich sind, und begründen Sie diese.

Arbeitsschritte	Begründung/Werkzeuge/Hilfsmittel	Drehzahl

KONTROLLIEREN

19. Nachdem Sie die entsprechenden Teile des Absperrpfostens gefertigt haben, müssen diese zusammengefügt werden; unter anderem die Grundplatte (Pos. 1.) und der Bolzen ohne Kopf (Pos. 1.1).

a) Ermitteln Sie mithilfe des Tabellenbuches jeweils für beide Bauteile an der entsprechenden Fügestelle die Abmaße und berechnen Sie die daraus entstehenden Passmaße. Dokumentieren Sie Ihre Ergebnisse in einer Passmaßtabelle.

Benennung	Maß	Toleranz	Abmaße (in mm)	Passmaße (in mm)

b) Welche Passungsart (Spiel-, Übermaß-, Übergangspassung) ergibt sich hieraus?

c) Geben Sie eine Möglichkeit an, die Bohrung in der Grundplatte mit ø 16 H7 auf ihre Maßhaltigkeit zu überprüfen.

d) Beschreiben Sie den Unterschied zwischen Messen und Lehren.

20. Beim Bohren fällt Ihnen auf, dass mit dem von Ihnen benutzten Spiralbohrer zu große Bohrungen entstehen. Welche Möglichkeit besteht, das Werkzeug zu überprüfen und den Fehler zu korrigieren?

21. Die Bohrungen in der Grundplatte (Pos. 1) sollen auf einer Koordinatenbohrmaschine gefertigt werden. Ermitteln Sie für die Punkte P1 bis P5 die Koordinaten in *x*- und *y*-Richtung und dokumentieren Sie Ihre Ergebnisse in einer Tabelle.

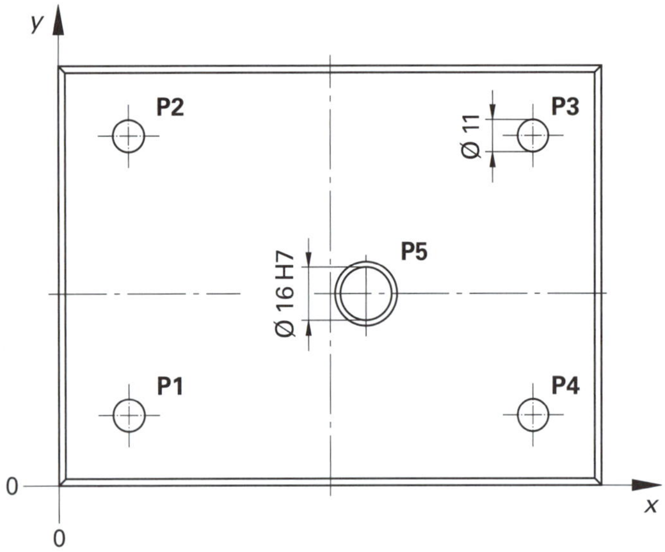

Punkt	Koordinate	Koordinate

22. Für die Überprüfung der Maßhaltigkeit der Bohrungen ist das Prüfmaß *p* zwischen den Bohrungsmittelpunkten P2/P4 und (das gleiche Prüfmaß) zwischen P1 und P3 zu bestimmen. Tragen Sie die notwendigen Maße in die Skizze ein und berechnen Sie den Abstand *p*.

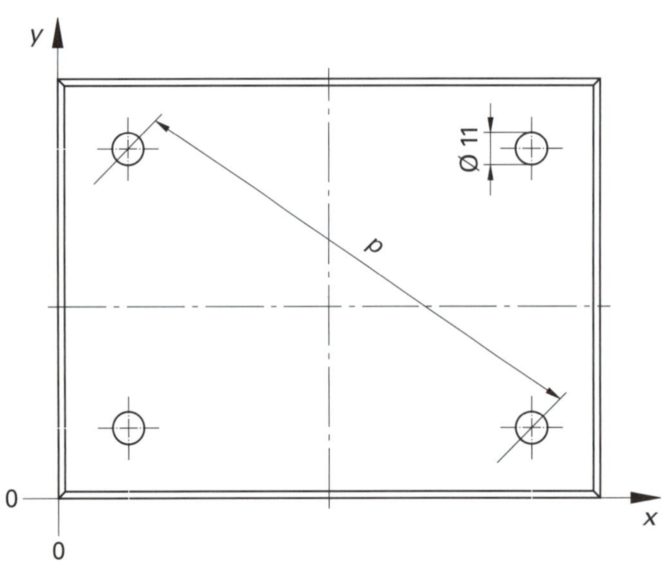

Fertigen mit Maschinen

Name:	Klasse:	Datum:	Seite:

Auftrag:

Im Folgenden ist ein Teil einer Klemmvorrichtung abgebildet. Hiervon sind der Klemmbolzen (Pos. 2 in der unten stehenden Tabelle) und die Grundplatte (Pos. 1) zu fertigen. Während der Klemmbolzen von einem Auszubildenden im 3. Ausbildungsjahr hergestellt wird, sollen die Auszubildenden des 1. Ausbildungsjahres die Grundplatte herstellen. Insgesamt sind sechs dieser Platten anzufertigen.

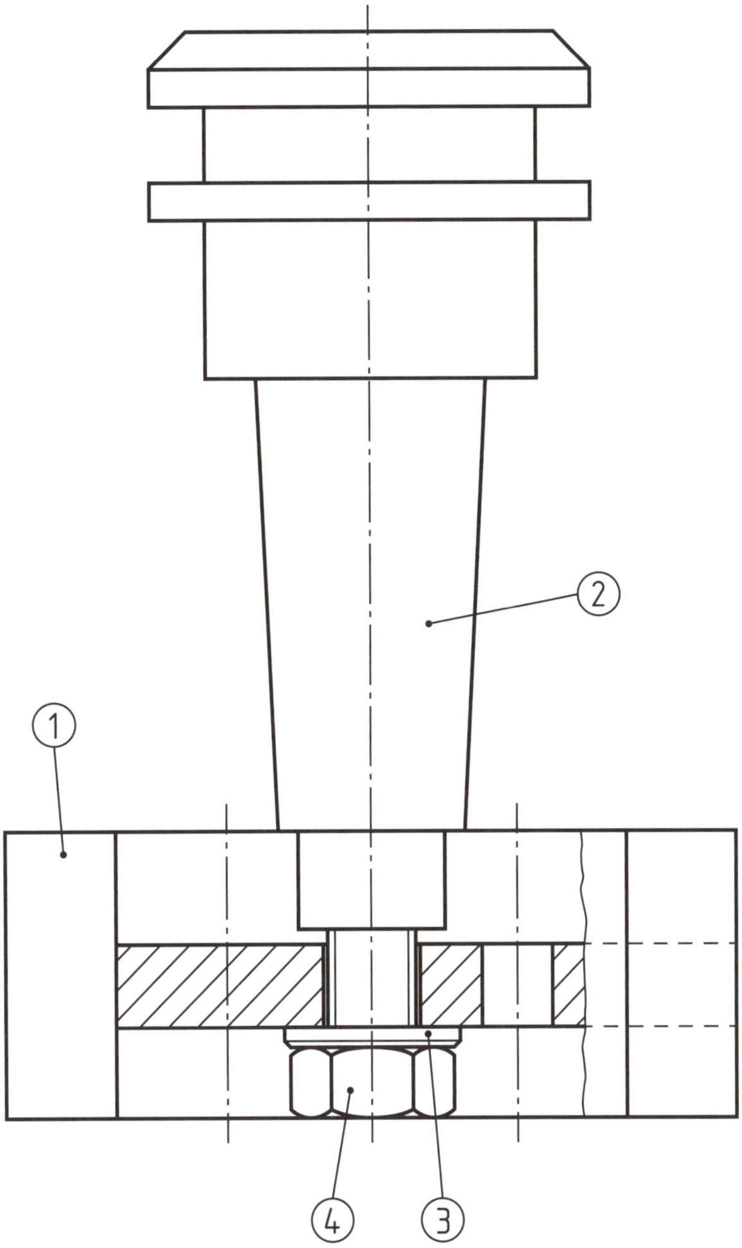

Pos.	Menge	Benennung	DIN/ISO	Werkstoff
1	1	Grundplatte	Fl 70 × 40 × 100 DIN EN 10278	S 235 JR+C
2	1	Klemmbolzen	Rd ø 60 × 150 DIN EN 10278	S 235 JR
3	1	Unterlegscheibe	ISO 7090-12-200 HV	
4	1	Sechskantmutter	ISO 4033-M12-9	

Fertigen mit Maschinen

Name:	Klasse:	Datum:	Seite:

INFORMIEREN

Einzelteilzeichnung Grundplatte (Pos. 1):

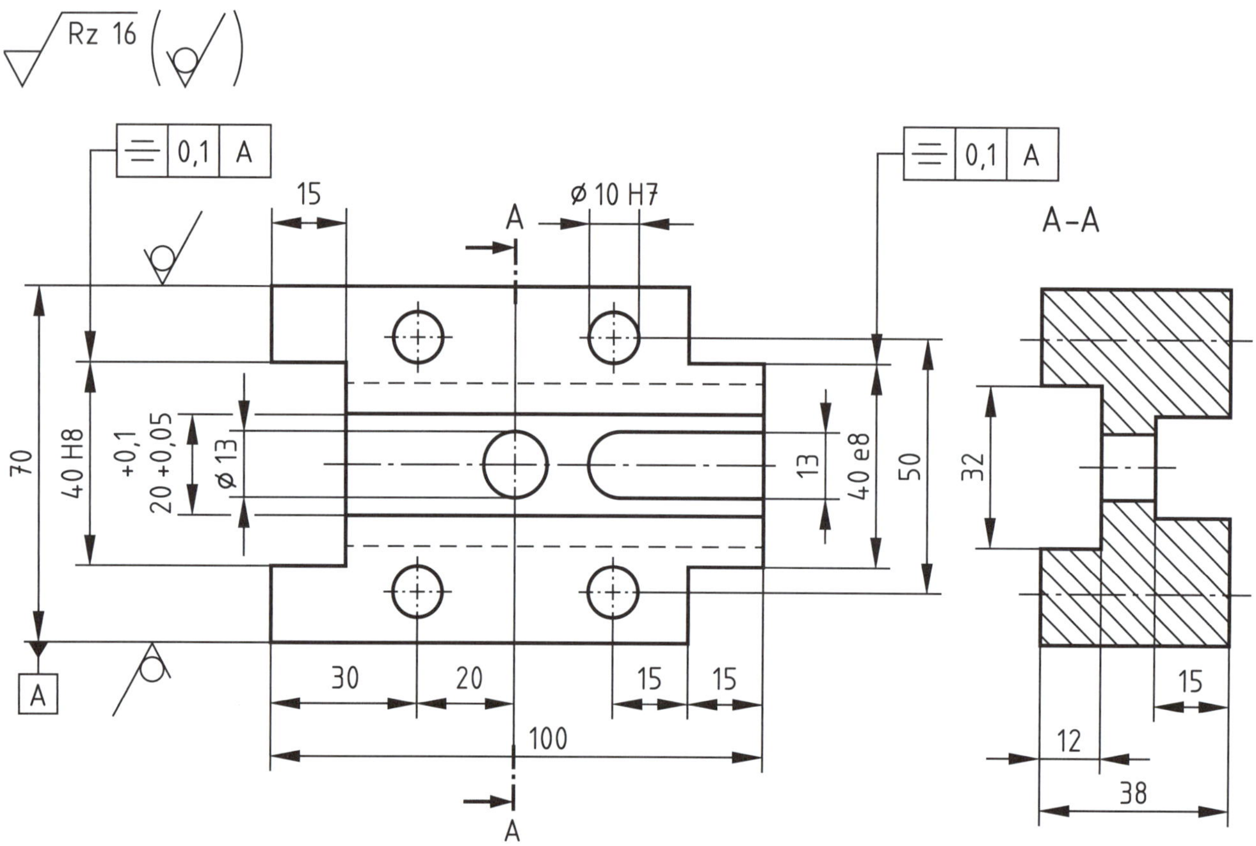

Einzelteilzeichnung Klemmbolzen (Pos. 2):

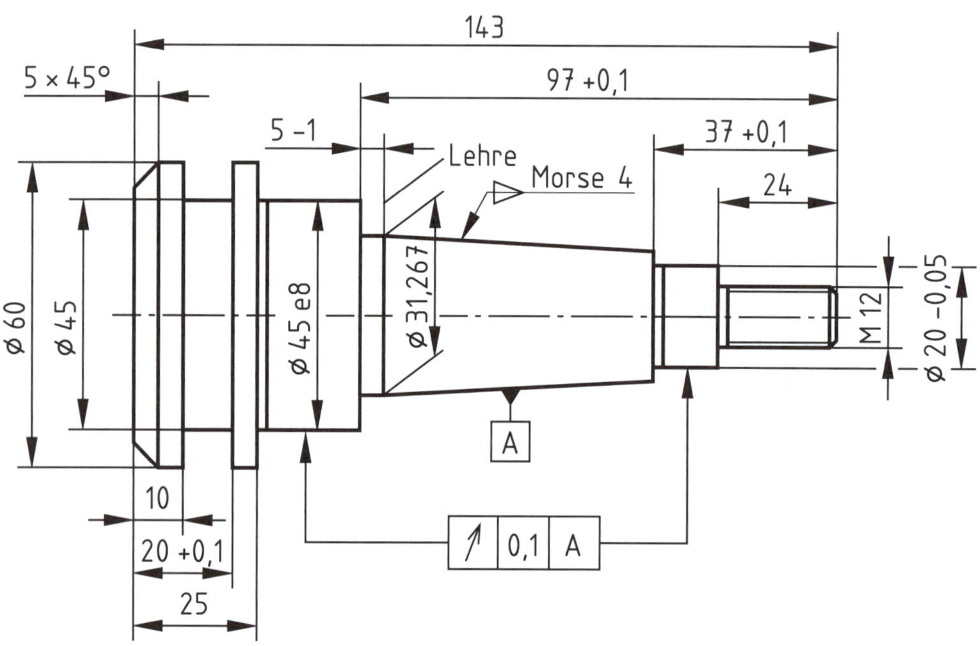

Fertigen mit Maschinen

Name:	Klasse:	Datum:	Seite:

1. Bei der Fertigung der Grundplatte (Pos. 1) und des Klemmbolzens (Pos. 2) kommen verschiedene spanende Fertigungsverfahren zum Einsatz. Informieren Sie sich über die in der Herstellung benötigten Fertigungsverfahren.

a) Benennen Sie in der nachfolgenden Tabelle die skizzierten spanenden Fertigungsverfahren. Beschreiben Sie die für das jeweilige Verfahren typischen Bewegungen (Schnittbewegung v_c und *Vorschubbewegung* v_f) und stellen Sie diese in den Skizzen mit Pfeilen dar.

Fertigungsverfahren	Verfahrenstypische Bewegungen	Fertigungsverfahren (Symbolbild)
		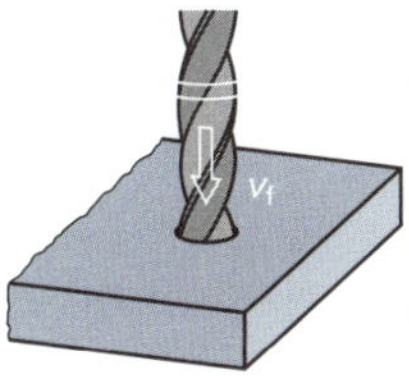
		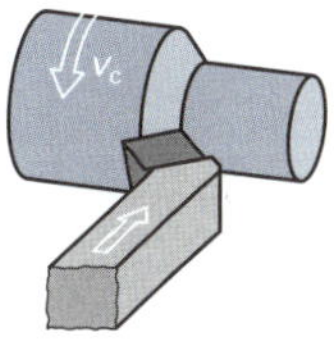
		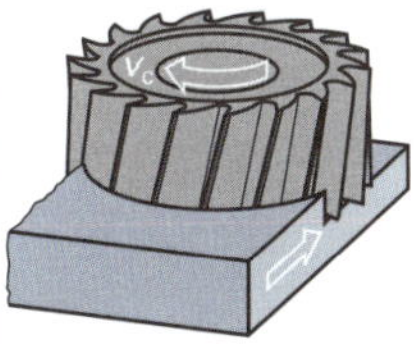

b) Vervollständigen Sie die Tabelle indem Sie für drei Arbeitsschritte die zum Einsatz kommenden Fertigungsverfahren und ein Beispiel für deren Einsatz nennen.

Bauteil	Fertigungsverfahren	Einsatzbeispiel
Klemmbolzen	Querplan-Drehen	Länge des Klemmbolzens

Name:	Klasse:	Datum:	Seite:

2. Für die Grundplatte (Pos. 1) und den Klemmbolzen (Pos. 2) liegen technische Zeichnungen vor (siehe Seite 41 und 42). Die folgenden Aufgabenstellungen beziehen sich auf die Grundplatte (Pos. 1), bei der verschiedene Maße mit Toleranzangaben versehen sind.
Für nicht tolerierte Maße gilt die Toleranzklasse *m* der Allgemeintoleranzen.

a) Was ist eine Maßtoleranz und wie begründet sich deren Angabe?

b) Vervollständigen Sie die nachfolgende Tabelle, indem Sie die fehlenden Toleranzwerte mithilfe des Tabellenbuches ermitteln bzw. berechnen.

Bauteil	Maßangabe	Toleranz	Abmaße (in mm)	Passmaße (in mm)
Grundplatte	15			
Grundplatte	30 + 0,1			
Grundplatte	10H7			
Grundplatte	40H8			

c) Was ist eine Lagetoleranz? Nennen Sie unabhängig von der Grundplatte zwei Beispiele.

d) Entschlüsseln Sie die Lagetoleranzangabe für die Nutbreite 40H8.

3. Vervollständigen Sie die Symbole folgender Lagetoleranzen für eine technische Zeichnung:

a) Die Mittelachse einer Bohrung soll rechtwinklig zur Grundfläche (Bezugsebene A) liegen. Die maximal erlaubte Abweichung beträgt zwei Zehntelmillimeter.

b) Zwei Absätze einer Welle (Bezugsabsatz C) müssen zueinander rund laufen. Die maximal erlaubte Abweichung vom Rundlauf beträgt zwei Hundertstelmillimeter.

a)

b)

Name:	Klasse:	Datum:	Seite:

PLANEN

4. Bei der Fertigung der Grundplatte (Pos. 1) muss unter anderem eine 20 mm breite Nut gefräst werden. Dies kann grundsätzlich auf die beiden abgebildeten Weisen erfolgen.

a) Nennen Sie die beiden unterschiedlichen Fräsverfahren, die für diese Fräsarbeit infrage kommen, und die jeweils dafür erforderlichen Fräswerkzeuge.

b) Welches Verfahren erscheint für die konkrete Arbeit das sinnvollere Verfahren zu sein? Begründen Sie ihre Meinung.

5. Erstellen Sie einen Arbeitsplan für die Fertigung der Nut mit der Breite 20 mm in der Grundplatte (Pos. 1.). Fertigen Sie hierzu einen Arbeitsplan in Tabellenform an. Beschreiben Sie das Fertigen der Nut als Einzelarbeit, losgelöst von den übrigen Fräsarbeiten.

Abeitsschritte	Werkzeuge/Hilfsmittel	Schnittgeschwindigkeit v_c

6. Bei der Fertigung der Grundplatte (Pos. 1) soll die Oberfläche plan gefräst werden (siehe Bild). Während beim Walzenfräsen die Bearbeitung entweder im Gegenlauffräsen oder im Gleichlauffräsen erfolgt, treten beim dargestellten Stirn-Umfangsfräsen beide Fräsverfahren in einem Bearbeitungsschritt auf.

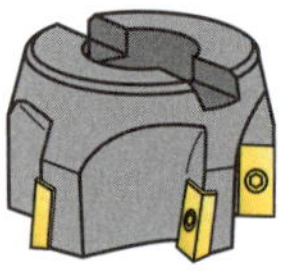

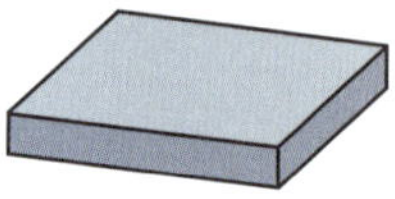

a) Beschreiben Sie, was dabei unter Gegenlauffräsen und was unter Gleichlauffräsen zu verstehen ist. Benennen Sie außerdem den Bereich der Fräsarbeit, bei dem Gegenlauffräsen auftritt, und den Bereich, bei dem Gleichlauffräsen auftritt.

b) Warum sollte die Fräserachse bei der dargestellten Fräsarbeit nicht exakt über der Mitte des Werkstückes ausgerichtet sein?

7. In der Ausbildungswerkstatt stehen für die Planfräsarbeit nur Fräswerkzeuge aus HSS zur Verfügung (siehe Bild).

a) Worin unterscheiden sich die abgebildeten Fräswerkzeuge und wofür sind sie jeweils geeignet?

b) Welcher der Fräser ist für die Planfräsarbeit auszuwählen?

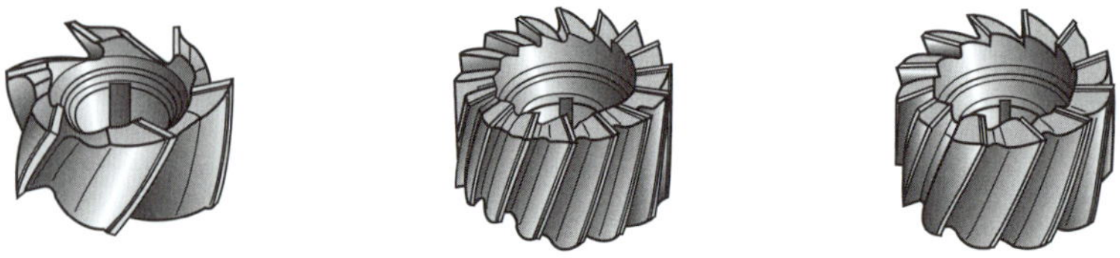

DURCHFÜHREN

8. Für die verschiedenen Fräsarbeiten an der Grundplatte (Pos. 1) muss das Werkstück sicher gespannt werden.

a) Beschreiben Sie, ob die Grundplatte an der Fräsmaschine komplett gefertigt werden kann, oder ob der Einsatz weiterer Maschinen sinnvoll ist.

b) Beschreiben Sie, wie Sie das Werkstück für die Bearbeitung an der Fräsmaschine einspannen, und welche Spannmittel bei dieser Arbeit zum Einsatz kommen.

c) Nennen Sie weitere Spannmittel für eine Fräsmaschine.

9. Für die Fertigung der Grundplatte (Pos. 1) müssen unter anderem die beiden folgenden Arbeitsschritte (siehe Tabelle) ausgeführt werden.

a) Vervollständigen Sie mithilfe des Tabellenbuches diese Tabelle mit den Daten zu Schnittgeschwindigkeit und Vorschub (pro Zahn), jeweils für das Schruppen mit Fräswerkzeugen aus Schnellarbeitsstahl (HSS) und für Fräswerkzeuge aus Hartmetall (HM). Die technologischen Daten wie beispielsweise die Schnittgeschwindigkeit v_c werden in verschiedenen Tabellenbüchern unterschiedlich angegeben!

Arbeitsschritte	Schnittgeschwindigkeit	Vorschub
Oberfläche Planfräsen (HSS)		
Oberfläche Planfräsen (HM)		
Nut (Breite 20 mm) Fräsen (HSS)		
Nut (Breite 20 mm) Fräsen (HM)		

b) Um wie viel höher kann die Schnittgeschwindigkeit bzw. der Vorschub (pro Zahn) bei Benutzung von Hartmetall-Fräsern gegenüber Fräsern aus HSS gewählt werden?

Name:	Klasse:	Datum:	Seite:

10. Wie groß ist beim Fräsen der Oberfläche der Grundplatte (Pos. 1) das Zeitspanvolumen?

a) Ermitteln Sie mithilfe des Tabellenbuches die Formel zur Berechnung des Zeitspanvolumen Q beim Fräsen.

b) Beschreiben Sie mit einer mathematischen Formel, was in diesem Zusammenhang beim Fräsen unter der Vorschubgeschwindigkeit v_f zu verstehen ist.

c) Berechnen Sie die jeweilige Drehzahl für einen Fräser aus Hartmetall (HM) und aus Schnellarbeitsstahl (HSS). Beide Fräser sollen über den gleichen Durchmesser von 80 mm und 12 Zähne verfügen.

d) Berechnen Sie das jeweilige Zeitspanvolumen Q für beide Fräser in Kubikzentimeter pro, wenn die Schnitttiefe a_p = 2 mm beträgt.

e) Um wie viel größer ist das Zeitspanvolumen bei einem Fräser aus Hartmetall (HM) als bei einem Fräser aus Schnellarbeitsstahl (HSS)?

KONTROLLIEREN

11. Bei der Endkontrolle der Grundplatte (Pos. 1) sind die gekennzeichneten Maße 1 bis 6 zu überprüfen. Vervollständigen Sie, analog zum angegebenen Beispiel, die nachfolgende Maß- und Prüftabelle mit den entsprechenden Daten.

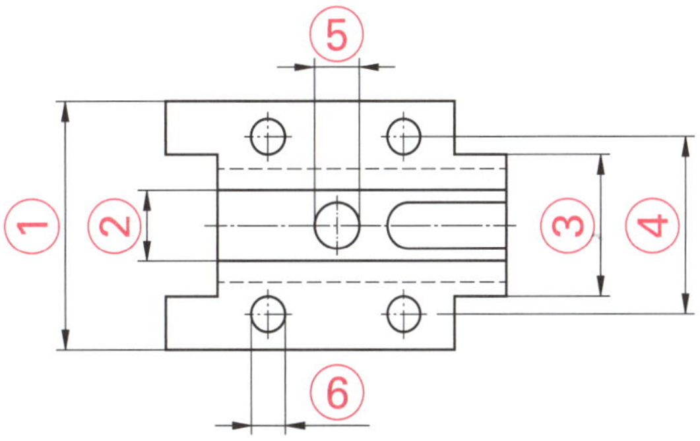

Nr.	Zu prüfendes Maß/Merkmal	Nennmaß in Millimeter	Abmaße in Millimeter	Mindest-/Höchstmaß	Prüfmittel
Bsp.	Gesamtlänge	100	± 0,3	100,30 99,70	Messschieber

12. Der Bohrungsmittenabstand der Bohrungen ø 10H7 soll mit einem digitalen Messschieber überprüft werden. Beschreiben Sie den entsprechenden Prüfvorgang.

13. Digitale Messmittel haben entscheidende Vorteile in der modernen Fertigung. Nennen Sie zwei dieser Vorteile.

Name: | Klasse: | Datum: | Seite:

Fertigen mit Maschinen

Name: | Klasse: | Datum: | Seite:

Auftrag:

Von dem abgebildeten Riementrieb sind die Getriebewelle (Pos. 1 in der unten stehenden Stückliste) und die Keilriemenscheibe (Pos. 2) zu fertigen. Es werden acht Stück davon benötigt. Da zu erwarten ist, dass im längerfristigen Betrieb ein gewisser Verschleiß auftritt, sollen insgesamt zehn Stück davon in ihrer Werkstatt hergestellt werden. Die Zusammenbauzeichnung ist im Maßstab 1:1,33 dargestellt.

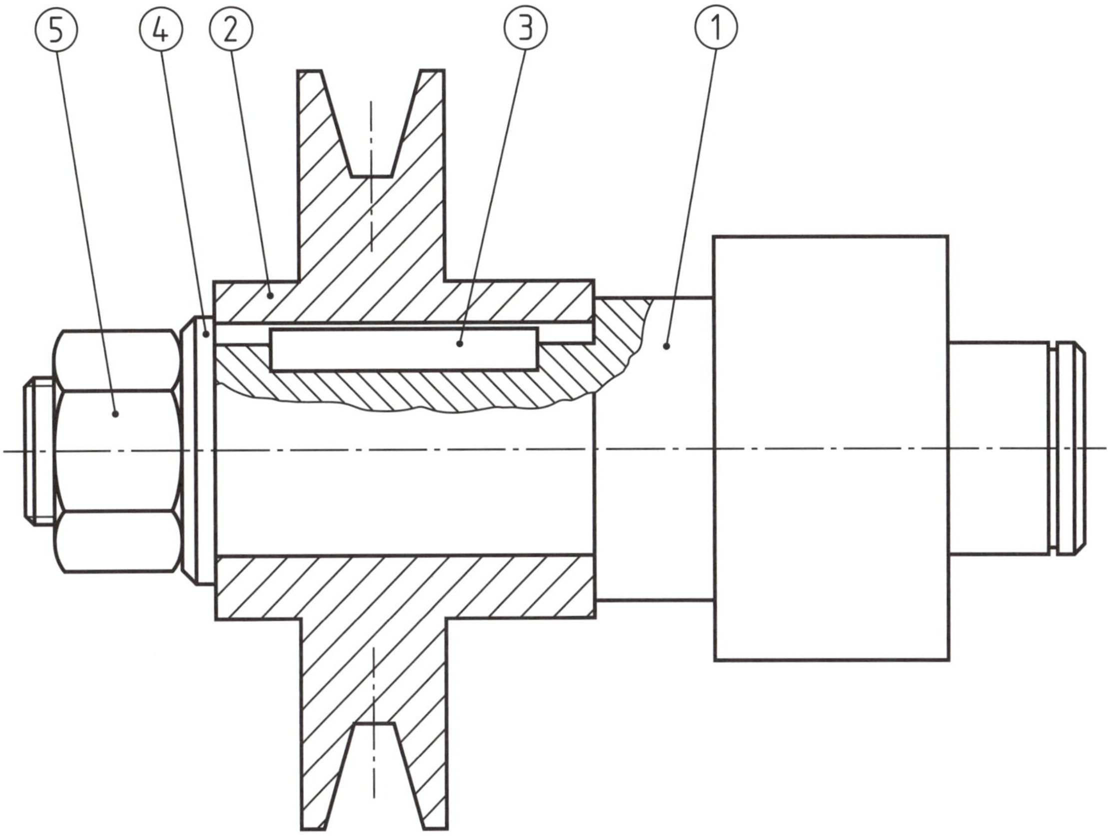

Pos.	Menge	Benennung	DIN/ISO	Werkstoff
1	1	Getriebewelle	DIN EN 10083-2/Rd 75×185	C 45 E
2	1	Keilriemenscheibe	DIN EN 10083-2/Rd 130×70	C 45 E
3	1	Passfeder	DIN 6885-A-10×8×45	
4	1	Unterlegscheibe	ISO 7090-24-200 HV	
5	1	Sechskantmutter	ISO 4032-M24-8	

Name:	Klasse:	Datum:	Seite:

INFORMIEREN

1. Die Normteile, die in dem Riementrieb verwendet werden, können im Fachhandel direkt bezogen werden. Für die Fertigung der übrigen Bauteile sind entsprechende technische Zeichnungen erforderlich.

a) Welche Forderungen müssen technische Zeichnungen allgemein erfüllen?

b) Beschreiben Sie, was bei der Darstellung von Bauteilen bzw. Werkstücken unter einer axonometrischen Darstellungen verstanden wird. Skizzieren Sie ein einfaches Beispiel, z. B. einen Quader mit einer Bohrung. (Die Darstellung unsichtbarer Kanten erfolgt gestrichelt.)

c) Benennen Sie mithilfe des Tabellenbuches drei Projektionsmethoden von axonometrischen Darstellunen.

d) Welche Ansichten/Darstellungsweisen sind erforderlich, um die Bauteile Pos. 1. (Getriebewelle) und Pos. 2. (Keilriemenscheibe) fertigungsgerecht darzustellen?

2. Das Bauteil Pos. 1. wird fachgerecht als (Getriebe-)Welle bezeichnet. Informieren Sie sich über die unterschiedlichen Aufgaben/Funktionen von Achsen und Wellen und beschreiben Sie diese. Nennen Sie jeweils zwei Beispiele für Achsen und Wellen.

3. Der Auftrag zeigt einen Teil eines Riemengetriebes.

a) Nennen Sie Anwendungsbeispiele für Riemengetriebe.

b) Nennen Sie Vorteile von Riemengetrieben.

4. Ermitteln Sie mithilfe des Tabellenbuches die Dichte für die Werkstoffe der Positionen 1. und 2.
Berechnen Sie die Masse des jeweiligen Rohmaterials für die zu fertigenden Werkstücke.

PLANEN

5. In Vorbereitung auf die Herstellung der zehn Getriebewellen und Riemenscheiben sind Planungsschritte durchzuführen und weitere Fertigungsunterlagen zu erstellen.
Erstellen Sie eine technische Zeichnung (VA ohne Passfedernut) der Welle (Pos.1) im Maßstab 1:1,5 (normgerechter Bemaßung). Die Gesamtlänge der Welle beträgt 180 mm.
Der linke Gewindeabsatz M24 ist mit einem Gewindefreistich nach DIN 76-1 zu versehen. Die jeweiligen Übergänge zum Bund sind mit Freistichen DIN 509 der Form E auszustatten. Die Freistiche sollen sinnbildlich eingetragen werden. Der rechte Wellenabsatz ist mit einer Passung 35j6 zu fertigen. Die übrigen Maße können aus der Zusammenbauzeichnung (Maßstab 1:1,25) entnommen werden.
Alle Oberflächen der Welle sind unter Berücksichtigung der vorstehenden Angaben spanend mit einer Oberflächengüte von $R_z \leq 6{,}3\,\mu m$ zu fertigen.

Fertigen mit Maschinen

Name:	Klasse:	Datum:	Seite:

6. Spanende Fertigungsverfahren erreichen unterschiedliche Oberflächenqualitäten.

a) Fertigen Sie ein Diagramm an, in dem die erreichbare gemittelte Rautiefe (R_z) der Fertigungsverfahren Bohren, Drehen, Fräsen und Schleifen dargestellt ist.

b) Welches Verfahren ist für die Herstellung der Getriebewelle am besten geeignet?

7. Erstellen Sie nach dem Muster der nachfolgenden Tabelle einen Arbeitsplan für die Bearbeitung der Welle.

Arbeitsschritte	Drehverfahren	Werkzeuge
Stirnflächen plandrehen	Querdrehen (Plandrehen)	Abgesetzter Seitendrehmeißel
Außendurchmesser ø70 vor-/fertig drehen	Längsdrehen (Schruppen) Längsdrehen (Schlichten)	Gerader Drehmeißel

Fertigen mit Maschinen

Name: | Klasse: | Datum: | Seite:

8. Zwischen der Schnittgeschwindigkeit einer spanenden Bearbeitung und dem Verschleiß bzw. der Standzeit des hierbei benutzten Werkzeugs besteht ein grundsätzlicher Zusammenhang, der sich auch durch noch so gute Schneidstoffe nicht aufheben lässt.

a) Skizzieren Sie in einem Diagramm den Zusammenhang zwischen der Schnittgeschwindigkeit v_c und dem Werkzeugverschleiß des eingesetzten Werkzeugs (ohne Zahlenwerte).

b) Formulieren Sie den Zusammenhang zwischen der Schnittgeschwindigkeit v_c und dem Werkzeugverschleiß in einem Satz.

Werkzeugverschleiß →

Schnittgeschwindigkeit v_c →

c) Ermitteln Sie mithilfe des Tabellenbuches, welche durchschnittlichen Schnittgeschwindigkeiten v_c sich mit Werkzeugen aus Hartmetall (HM) bei der Bearbeitung der Welle (Pos. 1) erreichen lassen.
Die technologischen Daten werden in verschiedenen Tabellenbüchern unterschiedlich angegeben!
Beachten Sie, dass es sich bei dem Werkstoff C 45 E um einen unlegierten Vergütungsstahl handelt!

9. Beim Herstellen der Bauteile für den Riementrieb müssen an der Drehmaschine Maßnahmen zur Unfallverhütung ergriffen werden.

a) Benennen Sie wenigstens drei Maßnahmen zur Unfallverhütung, welche Ihre persönliche Schutzausrüstung bei der Arbeit betreffen.

b) Beschreiben Sie mögliche Verletzungsgefahren und Maßnahmen zur Unfallverhütung an der Drehmaschine.

Fertigen mit Maschinen

Name:	Klasse:	Datum:	Seite:

DURCHFÜHREN

10. Für die Fertigung der Keilriemenscheibe (Pos. 2) müssen unter anderem die aufgelisteten Arbeitsschritte ausgeführt werden.

a) Wie lautet die Formel zur Berechnung der Schnittgeschwindigkeit?

b) Vervollständigen Sie mithilfe des Tabellenbuches die nachfolgende Tabelle mit den Daten zu Schnittgeschwindigkeit, Vorschub und Zustellung. Als Werkzeuge kommen HM-Drehmeißel und ein HSS-Spiralbohrer zum Einsatz.

Arbeitsschritte	Schnittgeschwindigkeit/ Vorschub	Drehzahl	Zustellung
Stirnflächen plandrehen			
Außendurchmesser ø 130 vordrehen			
Außendurchmesser ø 125 fertigdrehen			
Innendurchmesser auf ø 25 vorbohren			
Innendurchmesser auf ø 35 fertigdrehen			

c) Stellen Sie die Schnittgeschwindigkeitsformel nach der Drehzahl *n* um und berechnen Sie die jeweils einzustellende Drehzahl.

11. a) Was versteht man beim Drehen unter dem Spanungsquerschnitt *A* und wie kann dieser berechnet werden?

b) Berechnen Sie den Spanungsquerschnitt *A* für das Vordrehen und das Fertigdrehen des äußeren Durchmessers (ø 125) der Keilriemenscheibe (Pos. 2). Nutzen Sie für die Berechnungen den mittleren Wert für *f*.

c) Welcher Schluss lässt sich daraus für Dreharbeiten ziehen?

12. Bei der Bearbeitung der Keilriemenscheiben (Pos. 2) kommen verschiedene (spanende) Fertigungsverfahren zum Einsatz, unter anderem auch verschiedene Drehverfahren .

a) Zwei Fertigungsschritte können nicht mit Drehverfahren durchgeführt werden. Nennen Sie diese beiden Arbeiten und die hierzu erforderlichen Fertigungsverfahren.

b) Welche Drehverfahren kommen bei der Fertigung der Keilriemenscheiben zum Einsatz? Tragen Sie die Arbeitsschritte und die entsprechenden Drehverfahren in die linke und mittlere Spalte der Tabelle ein.

c) Tragen Sie die Drehmeißelarten, die für die Fertigung benötigt werden, in die rechte Spalte der Tabelle ein.

Arbeitsschritte	Drehverfahren	Werkzeuge (Drehmeißel)

13. Für die verschiedenen Dreharbeiten muss das Rohteil bzw. das Werkstück der Keilriemenscheibe (Pos. 2) sicher gespannt werden.

a) Beschreiben Sie, wie Sie die Teile an der Drehmaschine einspannen und welche Spannmittel zum Einsatz kommen.

b) Nennen Sie zwei weitere Spannmittel für eine Drehmaschine.

c) Nennen Sie mindestens zwei Spannmittel, die bei den Fertigungsverfahren Bohren und Fräsen zum Einsatz kommen.

KONTROLLIEREN

14. Die nicht weiter tolerierten Maße an der Getriebewelle (Pos. 1) sind gemäß der Allgemeintoleranzen (DIN ISO 2768-1) in der Toleranzklasse f (fein) gefertigt worden.

a) Wie groß sind hierfür die maximal möglichen Grenzabmaße für das Bauteil?

b) Wie überprüfen Sie bei bzw. nach der Fertigung, ob die Fertigungsmaße auch erreicht wurden? Begründen Sie Ihre Aussage.

15. Die Aufnahmestelle für ein Kugellager an der Getriebewelle (Pos. 1) soll das Fertigungsmaß ø35j6 erhalten. Zur Überprüfung muss ein Prüfmittel herangezogen werden, das eine Maßkontrolle im Bereich von Hundertstelmillimeter (0,01 mm) zulässt.

a) Beschreiben Sie den grundsätzlichen Unterschied zwischen Messen und Lehren.

b) Nennen Sie zwei Prüfmittel, die geeignet sind, den genannten Durchmesser zu überprüfen, und beschreiben Sie für die Prüfmittel jeweils einen Vor- und einen Nachteil.

Prüfmittel	Bügelmessschraube	Grenzrachenlehre

16. Ermitteln Sie mithilfe des Tabellenbuches für das Maß ø35j6 der Getriebewelle (Pos. 1) das obere und das untere Grenzabmaß (e_s/e_i), das Höchst- und Mindestmaß (G_{oW}/G_{uW}) an dieser Stelle sowie die dort vorhandene Maßtoleranz (T_W) des Bauteils.

Benennung	Maß	Toleranz	Abmaße (in mm)	Passmaße (in mm)

17. Nebenstehend ist der Aufbau einer Bügelmessschraube dargestellt.

a) Ordnen Sie mithilfe des Fachkundebuches den jeweiligen Teilen der Bügelmessschraube die richtigen Fachbegriffe zu.

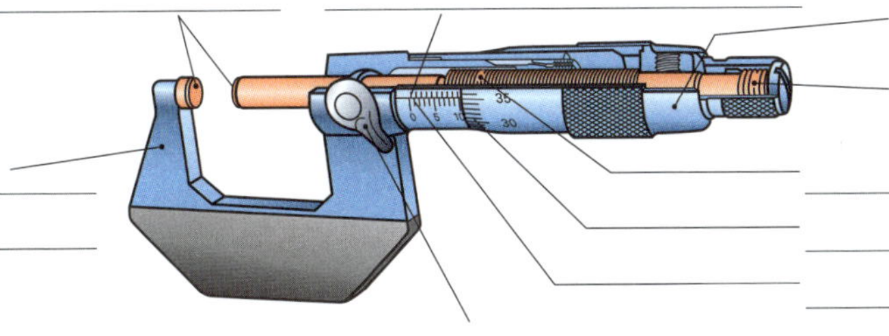

b) Welches Prinzip ist erkennbar und liegt der Funktionsweise der Messschraube zugrunde?

c) Nennen Sie ein Messgerät, mit dem am Riementrieb Rundlaufprüfungen durchgeführt werden können.

18. Messschrauben verfügen über eine Gefühlsratsche. Erklären Sie, welche Vorteile bzw. welchen praktischen Nutzen eine solche Einrichtung hat.

19. Bei der Überprüfung der Getriebewelle (Pos. 1) und der Keilriemenscheibe (Pos. 2) können sich eine Reihe von unterschiedlichen Prüfabweichungen ergeben.

a) Beschreiben Sie, unter welchen Umständen man von systematischen und wann man von zufälligen Prüfabweichungen spricht.

b) Zählen Sie drei Gründe auf, die zu Abweichungen zwischen dem Istmaß und dem ermittelten Messwert führen können, und ordnen Sie diese dem Bereich der systematischen (1) oder dem der zufälligen (2) Messabweichungen zu.

20. Bei der Überprüfung einer älteren Bügelmessschraube mit einem Endmaß von 20,000 mm fällt Ihnen auf, dass diese einen Messwert von 19,98 mm anzeigt. Beschreiben Sie zwei Umstände, die zu einer solchen Messabweichung führen könnten.

Fertigen mit Maschinen

Name:	Klasse:	Datum:	Seite:

Name:	Klasse:	Datum:	Seite:

Auftrag:

Für eine MAG-Schweißanlage soll eine Erdungsklemme gefertigt werden.
Diese Klemme stellt die Verbindung zum Pluspol des Schweißgerätes dar und soll wie eine Schraubzwinge an das zu schweißende Teil oder den Schweißtisch geschraubt werden.
Die Einzelteile der Erdungsklemme wurden bereits hergestellt oder es handelt sich um Zukaufteile.
Der Auftrag umfasst die Montage der Erdungsklemme sowie die Berechnung der Montagekosten.

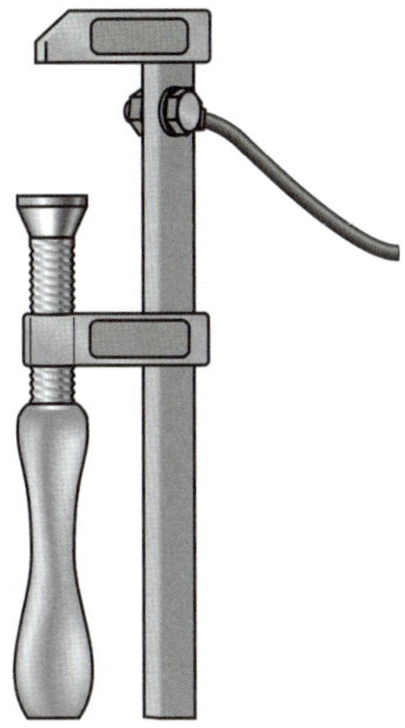

INFORMIEREN

1. Informieren Sie sich anhand der Zeichnung und der Stückliste über Ihren Arbeitsauftrag. Vervollständigen Sie die fehlenden Positionsnummern in der folgenden Explosionsdarstellung.

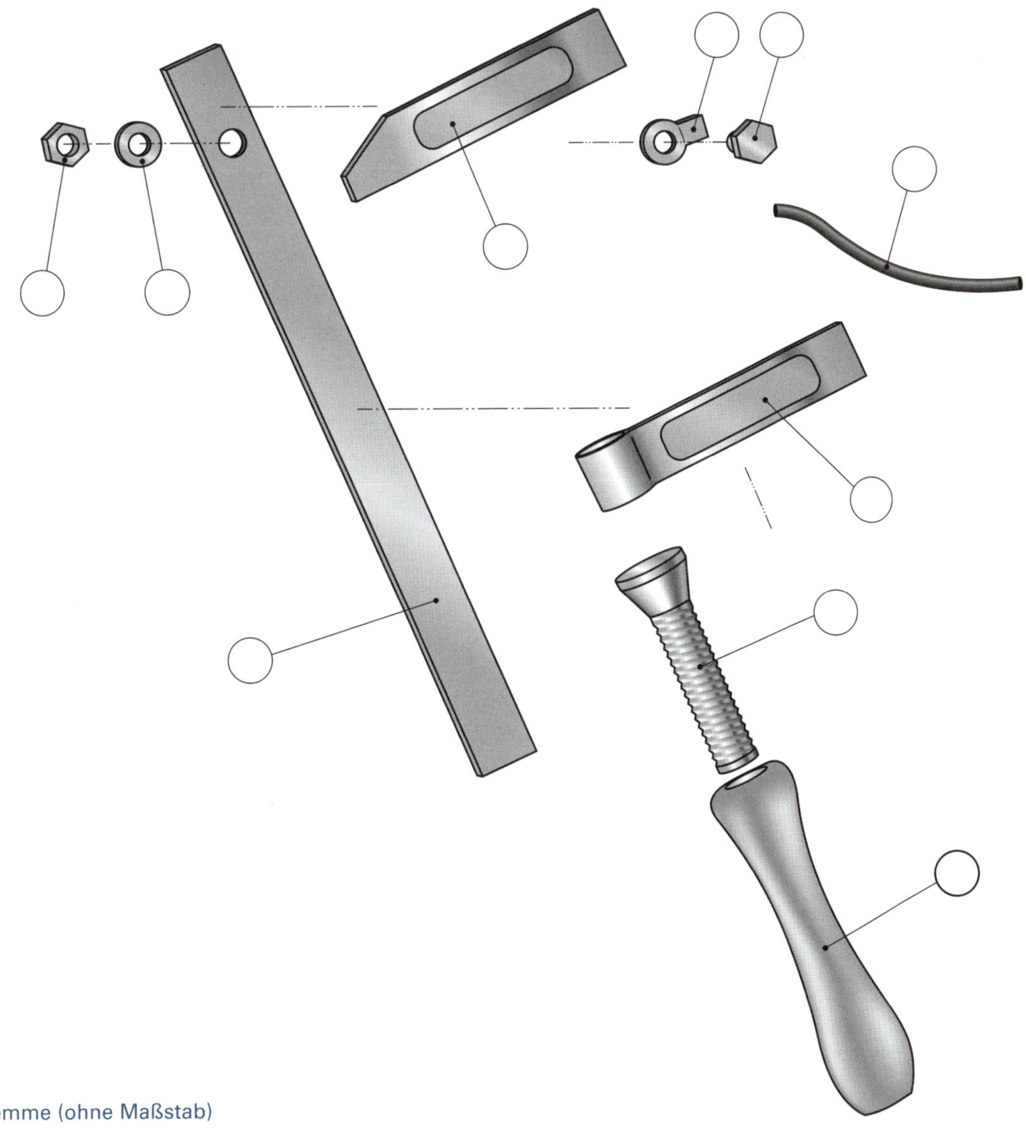

Erdungsklemme (ohne Maßstab)

Name:	Klasse:	Datum:	Seite:

Stückliste						
1	2	3	4	5	6	7
Pos.	Menge	Einheit	Benennung	Norm-/Kurzbezeichnung	Werkstoff	Bemerkung
1	1	Stck.	Fester Schenkel	DIN EN 10029 - 15A×20×80	S235JR	
2	1	Stck.	Beweglicher Schenkel	DIN EN 10029 - 15A×20×80	S235JR	
3	1	Stck.	Schiene	DIN EN 10029 - 5A×15×200	S235JR	
4	1	Stck.	Gewindebolzen	DIN 976 - Tr 12×3 - 45	8.8	
5	1	Stck.	Griff	Rd 20 x 90	Kiefer	
6	1	Stck.	Schraube	______________ - M6× ________	8.8	
7	1	Stck.	Scheibe		160 HV	
8	1	Stck.	Mutter		8	
9	1	Stck.	Erdungsschelle	DIN EN 81346 - 6		
10	1	Stck.	Erdungskabel			

Schule	Erstellt durch	Titel, zusätzlicher Titel	Dokumentenart	
Klasse	Ausgabedatum	**Erdungsklemme**	Zeichnungs-Nr.	Blatt

2. Das Erdungskabel wird mithilfe einer Erdungsschelle durch eine Sechskantschraube (Pos. 6) an der Klemme befestigt. Sechskantschrauben werden u. a. in den Normen ISO 4014 und ISO 4017 beschrieben.

a) Erklären Sie den Unterschied dieser beiden Schraubenarten.

Name:	Klasse:	Datum:	Seite:

b) Entscheiden Sie, welche der beiden Schraubenarten für die Befestigung geeignet ist. Begründen Sie Ihre Entscheidung. Ergänzen Sie die Norm in der Stückliste.

PLANEN

3. Um das Erdungskabel an der Erdungsklemme zu befestigen, muss eine Erdungsschelle mit einer Schraubverbindung an der Schiene befestigt werden.

a) Berechnen Sie die Klemmlänge dieser Verbindung. Die Erdungsschelle hat eine Dicke von 1,5 mm.

b) Wählen Sie eine geeignete Unterlegscheibe für die Schraubverbindung aus und bestimmen Sie die Höhe h der Scheibe. Ergänzen Sie die Normbezeichnung der Scheibe in der Stückliste.

c) Wählen Sie eine geeignete Mutter für die Schraubverbindung aus und bestimmen Sie die Dicke h der Mutter. Ergänzen Sie die Normbezeichnung der Mutter in der Stückliste.

d) Berechnen Sie die Länge der Schraube. Wählen Sie eine geeignete Schraube und ergänzen Sie die Schraubenlänge in der Stückliste.

Name:	Klasse:	Datum:	Seite:

4. Um den Verkaufspreis für ein Produkt festzulegen, müssen in einer Vorkalkulation die Selbstkosten ermittelt werden. Diese setzen sich aus den Materialkosten, den Materialgemeinkosten, den Fertigungskosten, den Fertigungsgemeinkosten, den Kosten für Fremdleistungen und den Verwaltungskosten zusammen.

a) Erklären Sie kurz die folgenden Kostenarten und nennen Sie je zwei Beispiele.

- Materialkosten:

- Materialgemeinkosten:

- Fertigungskosten:

- Fertigungsgemeinkosten:

- Kosten für Fremdleistungen:

- Verwaltungskosten:

b) Die Kosten für die gefertigten Einzelteile sowie für die Zukaufteile betragen 4,25 €. Die Materialgemeinkosten entsprechen 82 % der Materialkosten. Berechnen Sie für eine Erdungsklemme die Materialgemeinkosten in Euro.

c) Für die Montage der Einzelteile benötigt ein Facharbeiter, der die Firma 54,40 €/Stunde kostet, 25 Minuten. Berechnen Sie für eine Klemme die Fertigungskosten in Euro.

d) Die Fertigungsgemeinkosten betragen 98 % der Fertigungskosten. Berechnen Sie für eine Erdungsklemme die Fertigungsgemeinkosten in Euro.

e) Da die Erdungsklemme komplett selber hergestellt wird, fallen keine Kosten für Fremdleistungen an. Die o. g. Kosten werden zu den Herstellungskosten zusammengefasst. Berechnen Sie diese für eine Erdungsklemme.

f) Für Verwaltungskosten fallen 106 % von den Herstellungskosten an. Berechnen Sie die Verwaltungskosten für eine Erdungsklemme.

g) Für die Preisbestimmung sind neben den Selbstkosten der Gewinn und der Nettopreis von Bedeutung. Als Gewinn werden 5 % der Selbstkosten angenommen. Berechnen Sie für eine Erdungsklemme die Selbstkosten, den Gewinn und den Nettopreis.

DURCHFÜHREN

5. Die Erdungsklemme wird durch eine Schraubbewegung des Gewindebolzens mit dem zu schweißenden Bauteil verbunden. Diese Verbindung beruht auf dem Prinzip des Kraftschlusses.

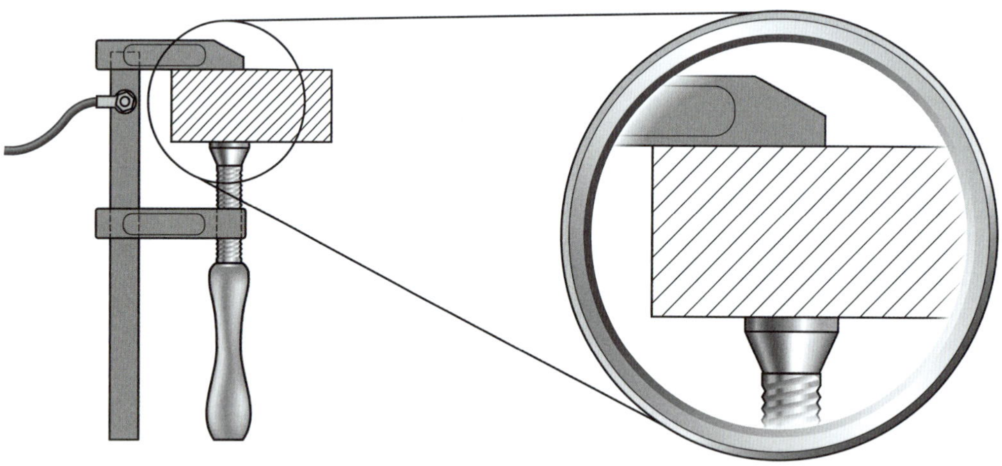

a) Erklären Sie dieses Prinzip.

b) Durch welche zwei Maßnahmen kann der Kraftschluss in dieser Verbindung erhöht werden?

Name:	Klasse:	Datum:	Seite:

c) Nennen Sie zwei weitere Wirkprinzipien des Fügens mit je einem Beispiel.

d) Der Gewindebolzen wurde mit einem Gewinde Tr 12×3 gefertigt. Erläutern Sie diese Bezeichnung.

Tr

12×3

e) Erklären Sie, weshalb diese Gewindeform für die Befestigung besonders gut geeignet ist.

f) Nennen Sie zwei weitere Gewindeformen mit jeweils einem Anwendungsbeispiel.

6. Das Erdungskabel wird mit einer Sechskantschraube an der Erdungsklemme befestigt.

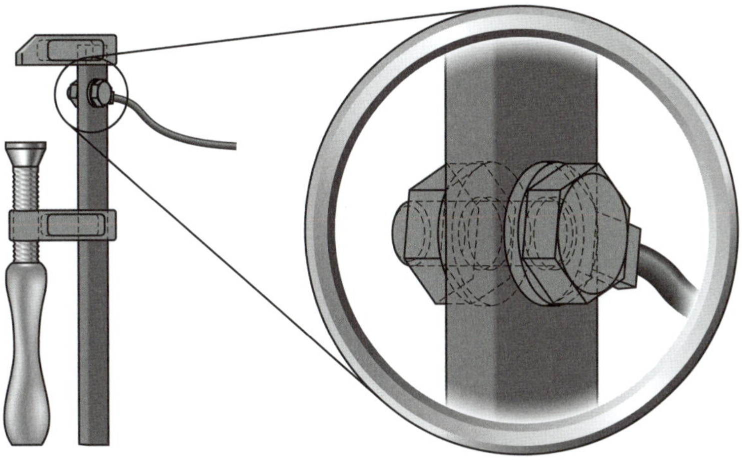

a) Schrauben werden hinsichtlich ihrer Kopfform unterschieden. Nennen Sie neben der Sechskantschraube drei weitere Kopfformen, deren Norm und das geeignete Werkzeug zum Anziehen.

Bezeichnung	Norm	Werkzeug

Herstellen einfacher Baugruppen

Name:	Klasse:	Datum:	Seite:

b) Anhand der Schraubenbezeichnung kann die Steigung des Gewindes bestimmt werden. Erklären Sie den Begriff Steigung und bestimmen Sie die Steigung der Sechskantschraube.

____

____

____

____

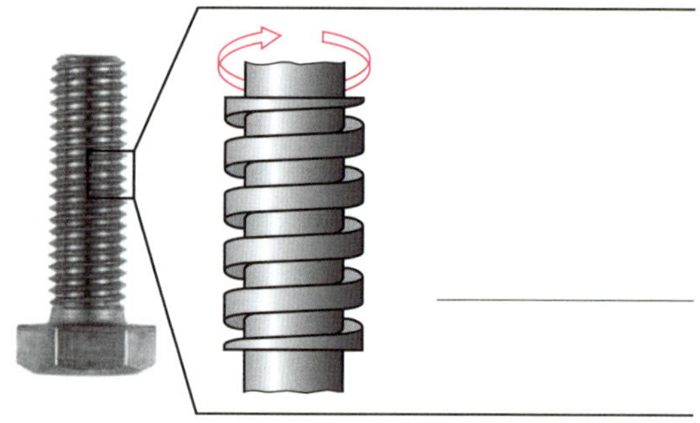

7. Schrauben können auf verschiedene Art gezeichnet bzw. dargestellt werden.

a) Ergänzen Sie die folgende Schnittdarstellung. Zeichnen Sie die Schraube in vereinfachter Form nach DIN ISO 6410.

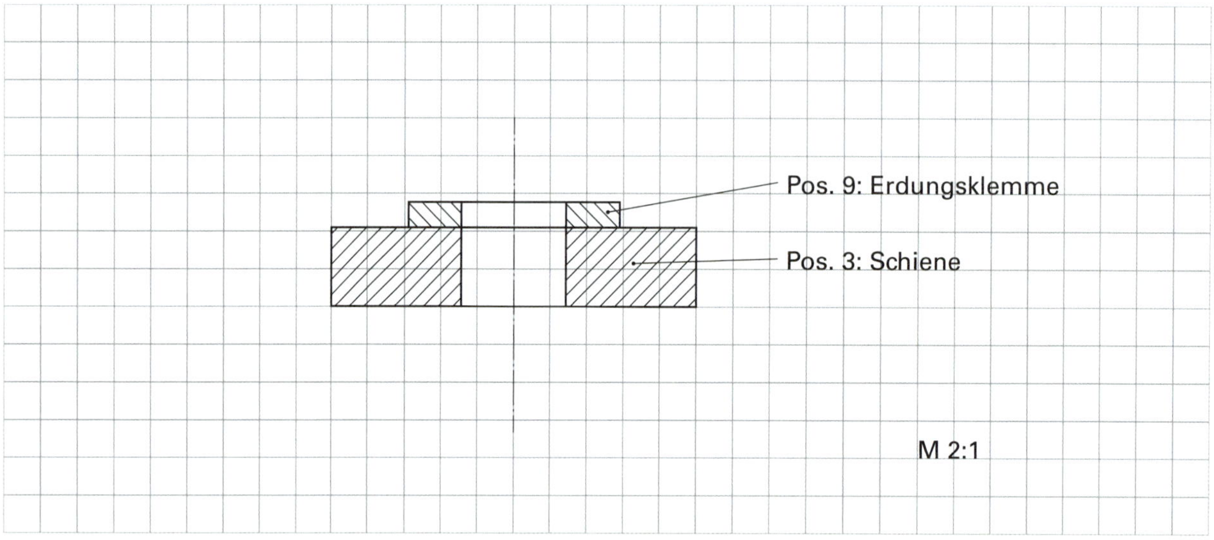

b) Ergänzen Sie folgende Draufsicht. Zeichnen Sie die Schraube in sinnbildlicher Form nach DIN ISO 5845.
Hinweis: In der Werkstatt gebohrt und eingebaut, ohne Senkung.

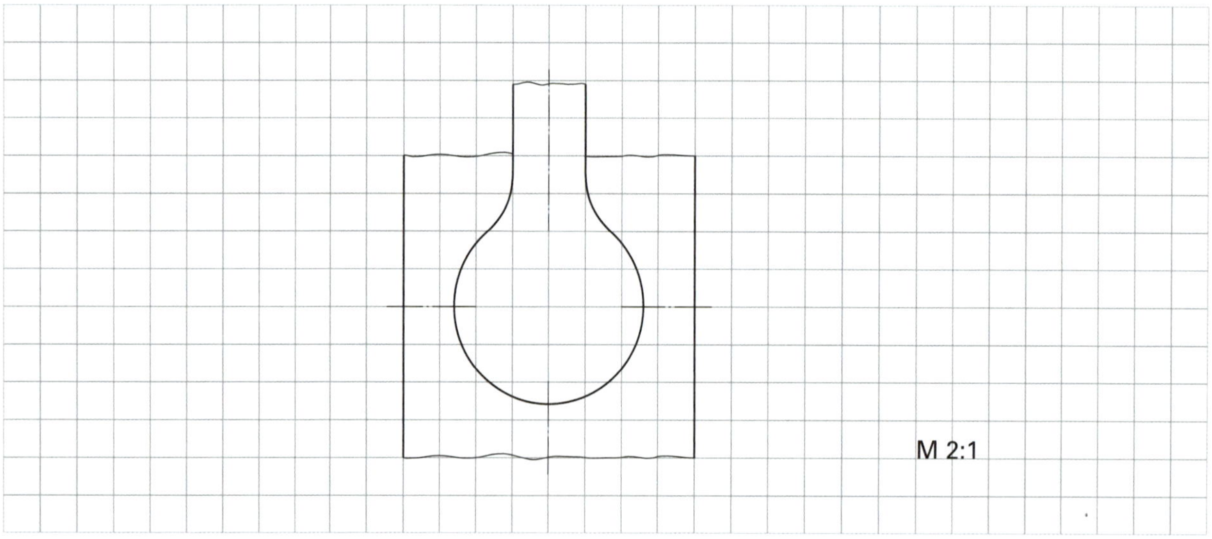

8. Für die Schraubverbindung an der Erdungsschelle ist eine Unterlegscheibe vorgesehen.

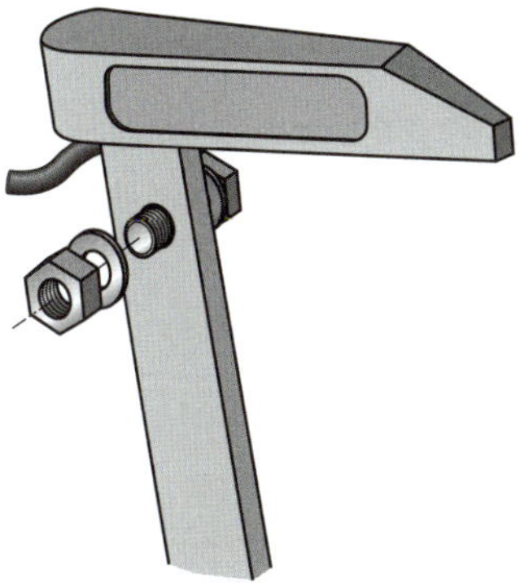

a) Erklären Sie, welche Funktion diese Unterlegscheibe hat.

b) Durch das Hantieren mit der Erdungsklemme kann es zum Lösen der Schraubverbindung kommen. Es gibt jedoch verschiedene Möglichkeiten, diese Verbindung zu sichern. Nennen Sie drei Wirkprinzipien von Schraubensicherungen, ordnen Sie diesen je ein Beispiel zu und skizzieren Sie diese.

Wirkprinzip	Beispiel	Skizze

c) Für welche der genannten Schraubensicherungen würden Sie sich bei der Befestigung der Erdungsschelle entscheiden? Begründen Sie.

KONTROLLIEREN

9. Dem Kunden soll ein fehlerfreies Produkt übergeben werden. Darum wird eine Endabnahme vorgenommen.

a) Nennen Sie, außer der Maßkontrolle, zwei weitere Formen der Kontrolle, die an der Erdungsklemme vorgenommen werden sollten, mit je einem Beispiel.

b) Ergänzen Sie die Checkliste für die Endabnahme der Erdungsklemme um mindestens zwei Kontrollen.

Nr.	Checkliste (Abnahmeprotokoll)	Kontrolle	i.O.	n.i.O.	behoben
1.	Wurden alle Bauteile aus der Stückliste verbaut?				

Herstellen einfacher Baugruppen

Name:	Klasse:	Datum:	Seite:

Auftrag:

Immer wieder müssen Bauteile während der Fertigung festgehalten werden. Hierfür ist eine Spannvorrichtung, wie auf dem Bild dargestellt, sehr hilfreich. Eine solche Spannvorrichtung können Sie einfach selber herstellen. Der Auftrag umfasst die Montage dieser Vorrichtung.

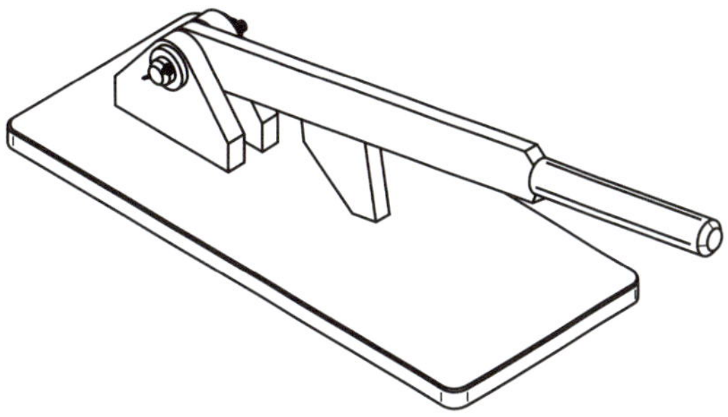

INFORMIEREN

1. Informieren Sie sich anhand der Zeichnungen und der Stückliste über Ihren Arbeitsauftrag. Tragen Sie die fehlenden Positionsnummern in die Zeichnungen ein.

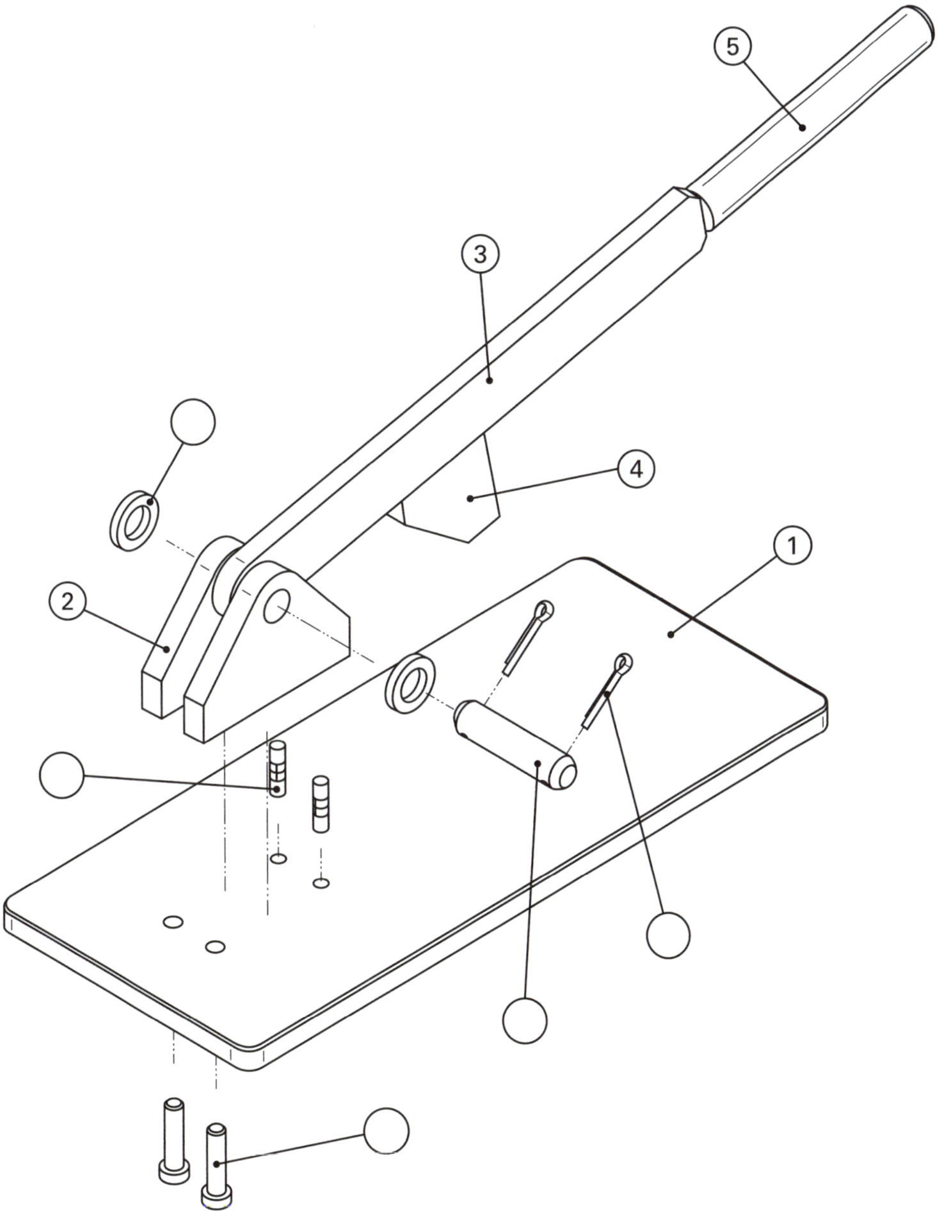

Spannvorrichtung (ohne Maßstab)

Name:	Klasse:	Datum:	Seite:

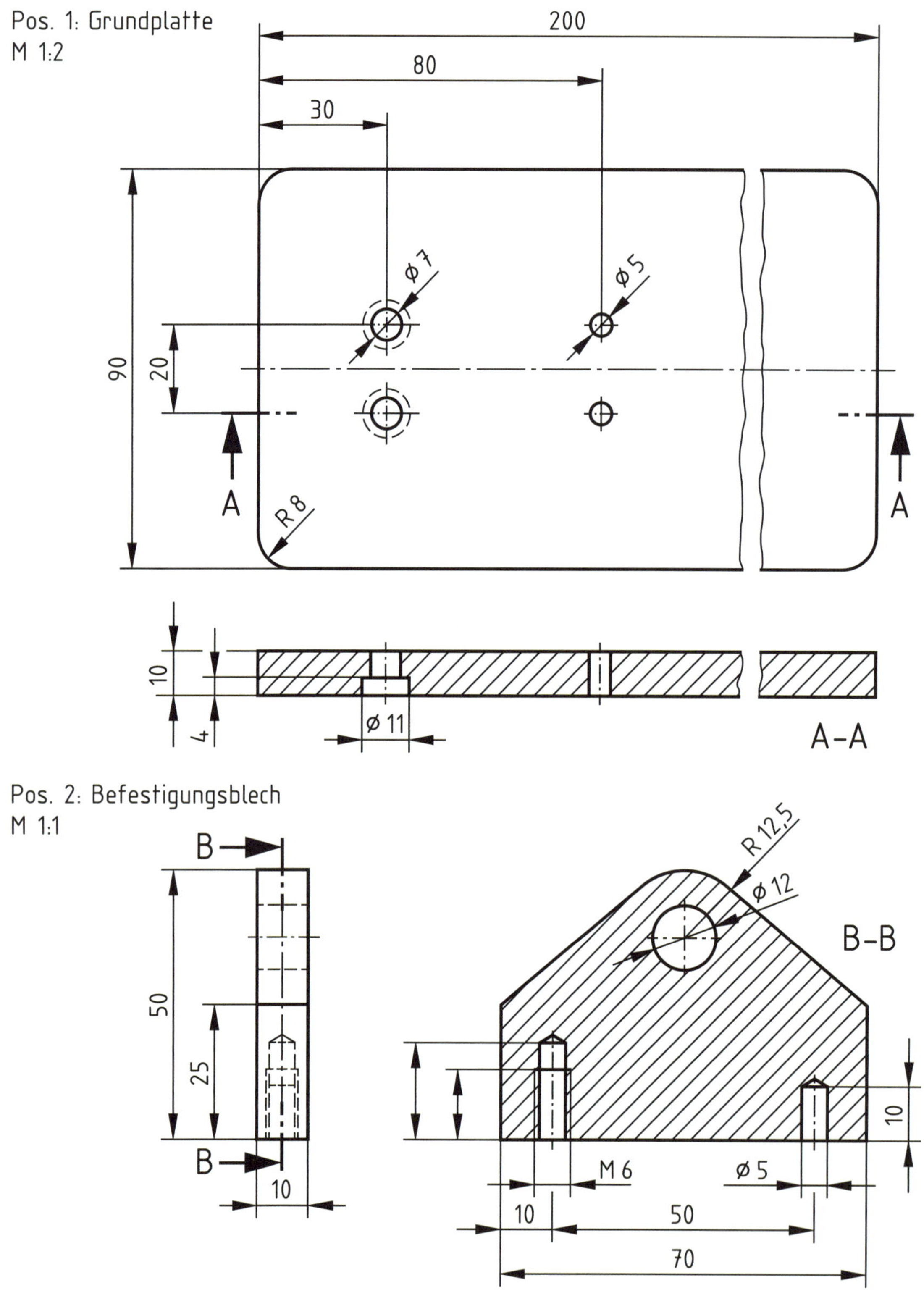

Schule	Erstellt durch	Titel, zusätzlicher Titel	Dokumentenart	
Klasse	Ausgabedatum	**Spannvorrichtung Einzelteilzeichnungen**	Zeichnungs-Nr. 1	Blatt

Pos. 3: Hebel
M 1:1

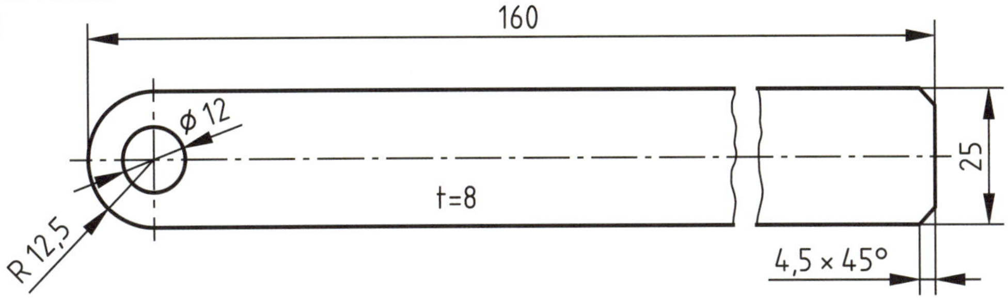

Pos. 4: Halteblech
M 1:1

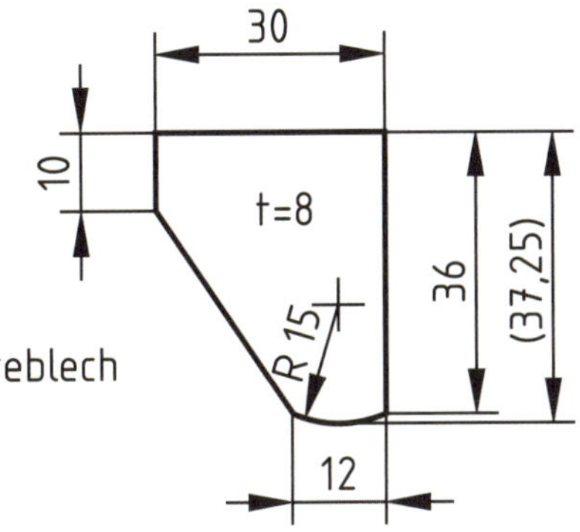

Pos. 5: Griff
M 1:1

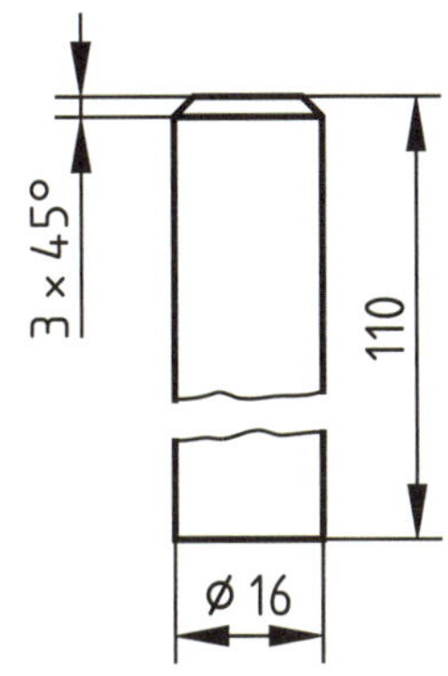

Verbindung Grundplatte – Befestigungsblech
M 1:2

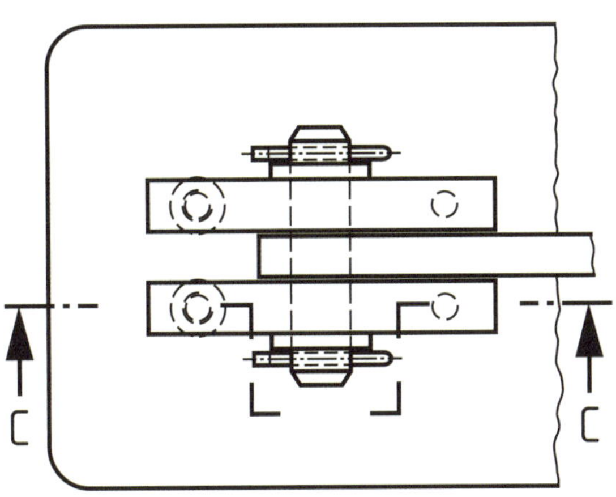

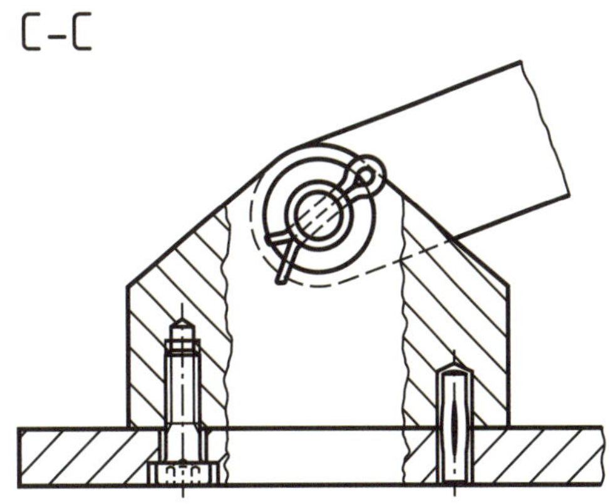

Schule	Erstellt durch	Titel, zusätzlicher Titel	Dokumentenart	
		Spannvorrichtung Einzelteilzeichnungen		
Klasse	Ausgabedatum		Zeichnungs-Nr. 2	Blatt

Stückliste						
1	2	3	4	5	6	7
Pos.	**Menge**	**Einheit**	**Benennung**	**Norm-/Kurzbezeichnung**	**Werkstoff**	**Bemerkung**
1	1	Stck.	Grundplatte	DIN EN 10029 - 10A × 90 × 200	S235JR	
2	2	Stck.	Befestigungsblech	DIN EN 10029 - 10A × 50 × 70	S235JR	
3	1	Stck.	Hebel	DIN EN 10029 - 8A × 25 × 160	S235JR	
4	1	Stck.	Halteblech	DIN EN 10029 - 8A × 30 × 38	S235JR	
5	1	Stck.	Griff	DIN EN 10060 - Rd 16 × 110	S235JR	
6	2	Stck.	Schraube		8.8	
7	2	Stck.	Knebelkerbstift	ISO 8743 - 5 × 20	St	
8	1	Stck.	Bolzen		160 HV	
9	2	Stck.	Scheibe		160 HV	
10	2	Stck.	Splint		St	

Schule	Erstellt durch	Titel, zusätzlicher Titel	Dokumentenart	
Klasse	Ausgabedatum	**Spannvorrichtung**	Zeichnungs-Nr.	Blatt

2. Für die Berechnung der Mindesteinschraubtiefe werden die Materialangaben der Schraube und des Grundwerkstoffes benötigt.

a) Entnehmen Sie den Zeichnungen, in welchem Bauteil die Schraube eingeschraubt wird. Geben Sie die Pos. und die Benennung des Bauteils an.

b) Geben Sie die Werkstoffbezeichnungen für die Schraube und das Bauteil an:

Schraube ______________________

Bauteil ______________________

Name:	Klasse:	Datum:	Seite:

3. Für die Schraubverbindung wird eine Zylinderschraube mit Innensechskant und niedrigem Kopf verwendet. Bestimmen Sie die Norm.

PLANEN

4. Damit die Schraube nicht aus dem Grundwerkstoff herausgerissen wird, muss diese mit einer vorgeschriebenen Mindesteinschraubtiefe eingeschraubt werden. Die Schraube hat einen Durchmesser von M6.

a) Berechnen Sie die Mindesteinschraubtiefe l_E (Formel – Einsetzen – Ergebnis).

b) Berechnen Sie anhand Ihrer Berechnung und der Maße *k* und *t* eine geeignete Schraubenlänge. Die Maße *k* und *t* entnehmen Sie der Zeichnung 1 (S. 72).

k =

t =

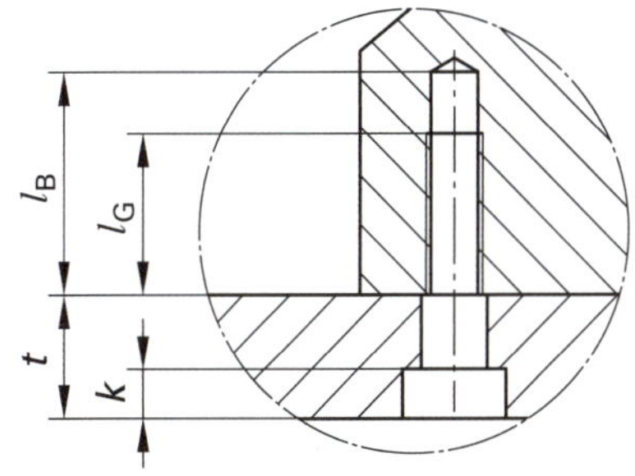

Schraubverbindung (ohne Maßstab)

c) Ergänzen Sie Benennung der Schraube (Norm-Durchmesser × Schraubenlänge) in der Stückliste (Pos. 6).

5. Damit die Schraube tief genug eingeschraubt werden kann, müssen das Bohrloch und das Gewinde eine Mindesttiefe haben.

a) Berechnen Sie anhand der gewählten Schraubenlänge *l* die Gewindelänge l_G.

b) Berechnen Sie die Bohrlochtiefe l_B.

c) Ergänzen Sie die Maße l_B und l_G in der Zeichnung 1 (S. 72).

6. Der Hebel (Pos. 3) wird durch eine Bolzenverbindung an den Befestigungsblechen (Pos. 2) montiert. Dafür müssen der Bolzen, die Scheiben und die Splinte bestimmt werden.

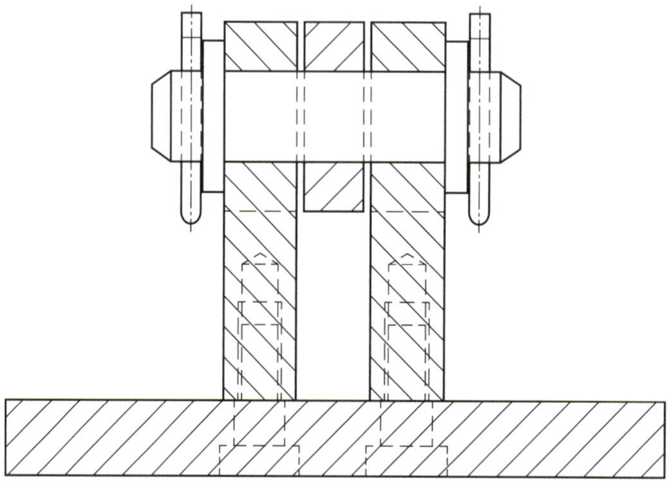

a) Bestimmen Sie den Bolzendurchmesser anhand des Lochdurchmessers des Hebels in der Zeichnung 1 (S. 72) und ergänzen Sie die Stückliste.

d = ______________________________

b) Wählen Sie die für Bolzenverbindungen geeigneten Scheiben aus und ergänzen Sie diese in der Stückliste.

c) Berechnen Sie die Länge des Bolzens. Berücksichtigen Sie dabei, dass zwischen Hebel und Befestigungsblech jeweils ein Spiel von 0,5 mm besteht.

d) Ergänzen Sie die Benennung des Bolzens in der Stückliste (Pos. 8).

e) Ergänzen Sie die Benennung des Splints in der Stückliste (Pos. 10).

DURCHFÜHREN

7. Mit der Spannvorrichtung soll ein Bauteil gehalten werden. Die Kraft F_1, mit der gedrückt wird, beträgt 100 N.

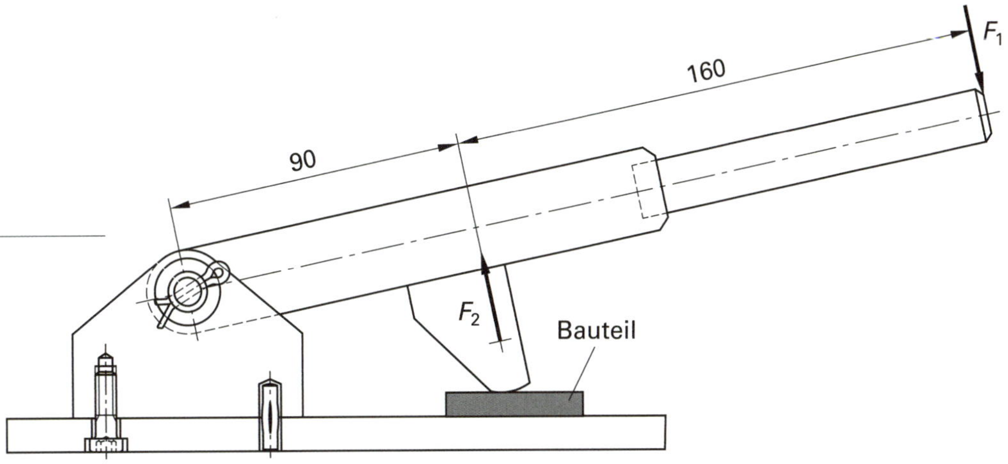

a) Zeichnen Sie den Drehpunkt in die oben stehende Zeichnung ein und berechnen Sie die Spannkraft F_2 am Bauteil.

b) Erklären Sie anhand ihres Ergebnisses die „Goldene Regel der Mechanik".

c) Am Drehpunkt wirkt das Drehmoment M. Berechnen Sie dieses.

8. Der Bolzen wird mit der Passung h11 ausgeführt. Wählen Sie eine geeignete Passung für die Bohrung. Begründen Sie Ihre Wahl.

9. Der Bolzen wird durch den Hebel und die Befestigungsbleche auf Abscherung belastet.

a) Wievielschnittig ist diese Bolzenverbindung?

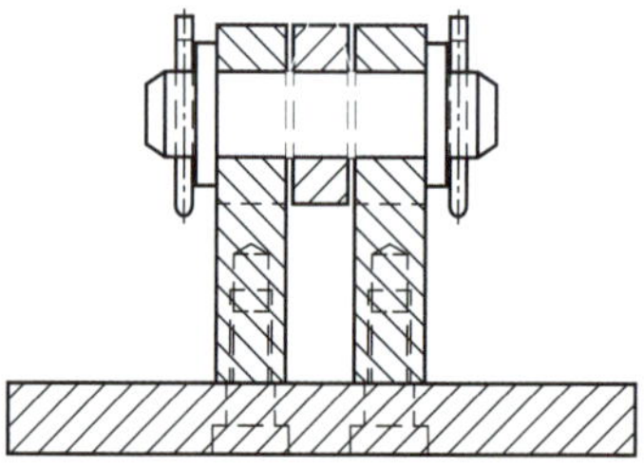

b) Skizzieren Sie die Schnittflächen in die nebenstehende Zeichnung ein.

c) Der Werkstoff des Bolzens hat eine Zugfestigkeit von $R_{m\ min}$ = 400 N/mm^2.
Berechnen Sie die zulässige Scherkraft.

10. Die Schraube zur Verbindung der Befestigungsbleche an der Grundplatte wird als Zylinderschraube mit Innensechskant ausgeführt.

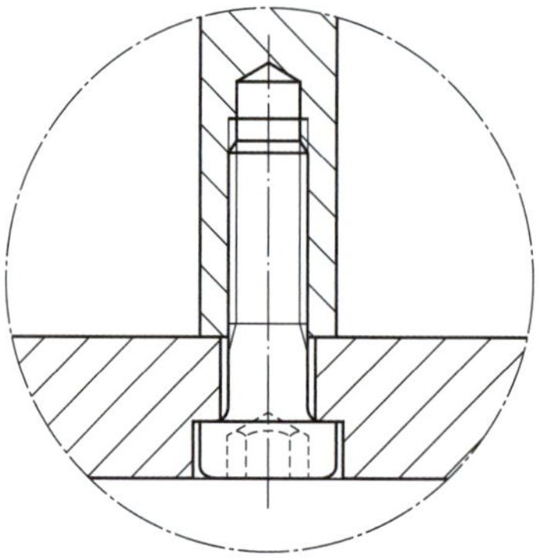

a) Nennen Sie jeweils einen Vor- und Nachteil dieser Schraubenart gegenüber einer Sechskantschraube.

b) Begründen Sie, warum hier eine Zylinderschraube mit Innensechskant gewählt wurde.

Name:	Klasse:	Datum:	Seite:

c) In der Stückliste wird der Werkstoff für die Schraube mit der Bezeichnung 8.8 angegeben. Erklären Sie die Bedeutung dieser Bezeichnung.

11. Das Befestigungsblech wird zusätzlich zu der Schraube mit einem Knebelkerbstift befestigt.

a) Nennen Sie das Hauptmerkmal von Kerbstiften.

b) Warum werden im Metallbau in der Regel Kerbstifte den Passstiften vorgezogen?

12. Vervollständigen Sie den Montageplan für den Zusammenbau der Spannvorrichtung. Verwenden Sie hierfür die Zeichnungen und die Stückliste von den Seiten 71 bis 74.

Montageplan			
Pos.	**Montageschritte**	**Bauteil-Pos.**	**Werkzeuge/ Hilfsmittel**
1	Verbindung Hebel und Halteblech durch Schweißen	3 + 4 zu I	MAG-Schweißgerät
2	Verbinden der Baugruppe I (Hebel und Halteblech) mit dem Griff	I + 5 zu II	MAG-Schweißgerät
3			
4			

KONTROLLIEREN

13. Zur Kontrolle der Einzelteile wurden Prüfpläne erstellt (siehe Zeichnung).

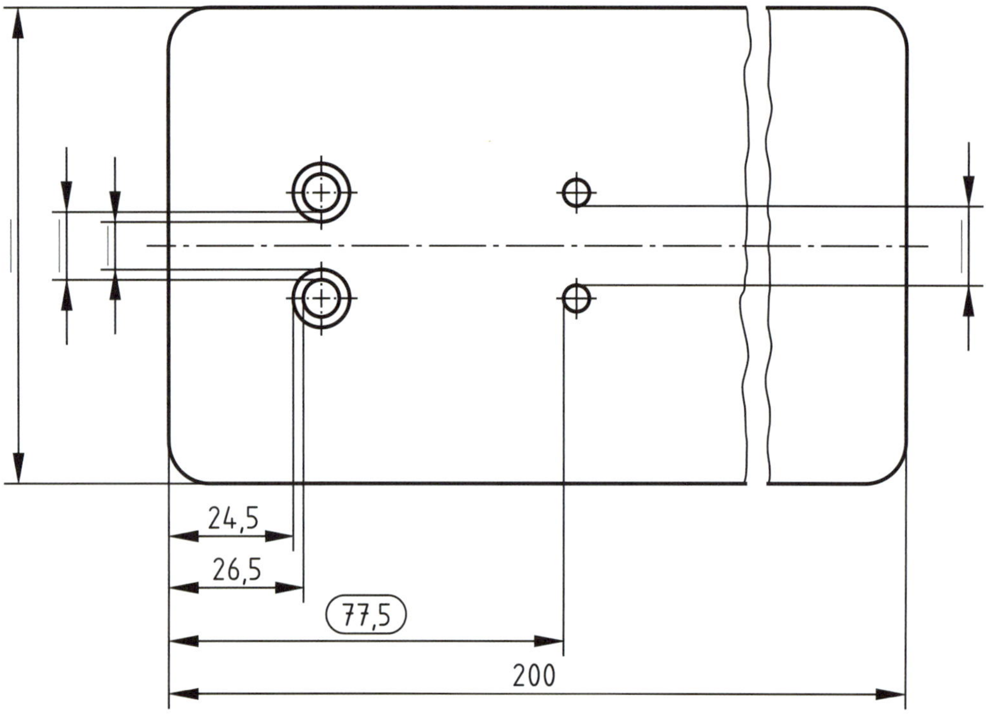

a) Erklären Sie, weshalb bei Prüfplänen Bohrungen nicht vom Mittelpunkt aus bemaßt werden.

b) Welche Bedeutung hat die Umrandung des Maßes 77,5?

c) Bestimmen und ergänzen Sie die fehlenden Maßzahlen im oberen Prüfplan.

Herstellen einfacher Baugruppen

Name:	Klasse:	Datum:	Seite:

Auftrag:

Für die industrielle Fertigung eines Bauteils, sollen die Bauteile mithilfe einer pneumatischen Spannvorrichtung gehalten werden.
Diese Spannvorrichtung muss in eine Pneumatikanlage eingebunden werden.
Darüber hinaus ist ein Bauteil der Vorrichtung defekt und muss ersetzt werden.

INFORMIEREN

1. Informieren Sie sich anhand des Auszugs aus der Stückliste über die Werkstoffe folgender Bauteile:

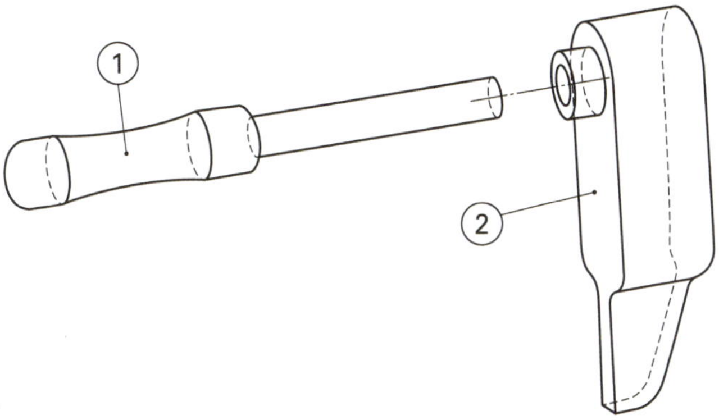

Werkstoff Pos. 1: ______________________________

Werkstoff Pos. 2: ______________________________

Stückliste						
1	2	3	4	5	6	7
Pos.	Menge	Einheit	Benennung	Norm-/Kurzbezeichnung	Werkstoff	Bemerkung
1	1	Stck.	Spannbolzen		CW024A	
2	1	Stck.	Hebel		1.1730	

Schule	Erstellt durch	Titel, zusätzlicher Titel	Dokumentenart	
Klasse	Ausgabedatum	**Pneumatische Spannvorrichtung**	Zeichnungs-Nr. **1**	Blatt

Name:	Klasse:	Datum:	Seite:

2. Der Spannbolzen ist defekt und soll ausgetauscht werden. Die Verbindung zwischen dem Spannbolzen (Pos. 1) und dem Hebel (Pos. 2) ist eine Lötverbindung. Erklären Sie anhand der Werkstoffpaarung, weshalb Löten dem Schweißen vorzuziehen ist.

____

____

____

____

____

PLANEN

3. Für die Qualität der Lötverbindung ist die Breite des Lötspalts sehr wichtig. Bestimmen Sie mithilfe des nebenstehenden Diagramms die minimale und maximale Spaltbreite *s*.

Spaltbreite:

s_{min} = ______________ mm

s_{max} = ______________ mm

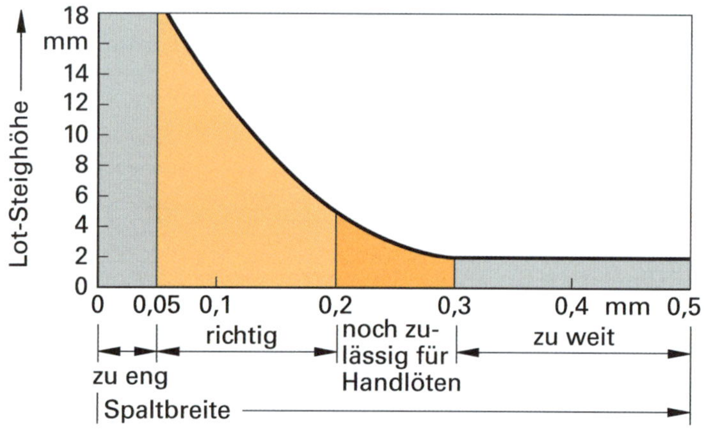

4. Der Innendurchmesser der Befestigungshülse am Hebel (siehe Zeichnung) beträgt 6 mm. Die Toleranz wird nach ISO 2768-1 f angegeben. Ergänzen Sie die nachfolgende Tabelle.

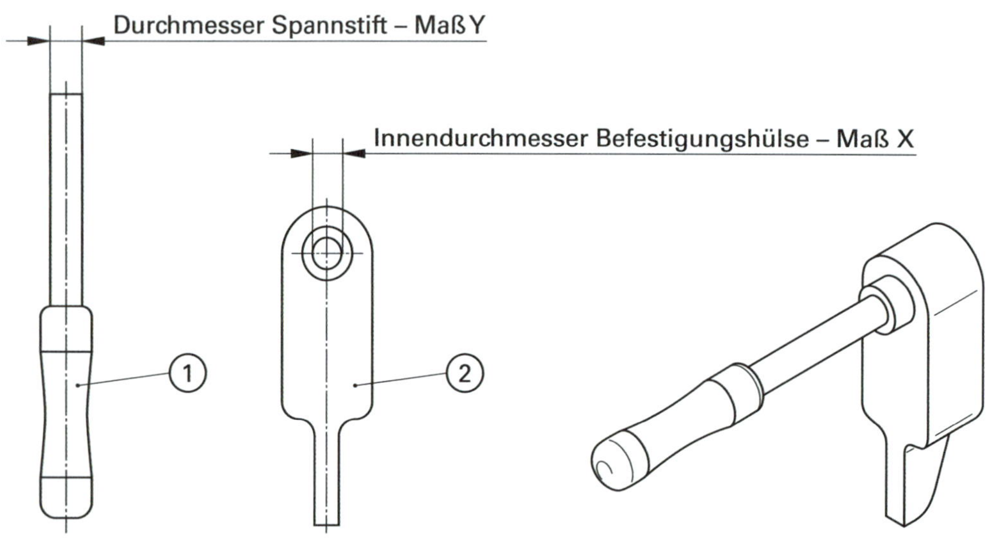

	Nennmaß mm	Toleranz mm	Mindestmaß mm	Höchstmaß mm
Hülse - Maß Y	6,00			

5. Berechnen Sie für den Durchmesser des Spannstifts das Mindest- und das Höchstmaß.

6. Erklären Sie die Folgen eines zu breiten Lötspalts. Welche Auswirkung hat das auf die Lötverbindung?

7. Vor dem Löten muss die Lötstelle gründlich gereinigt werden. Erklären Sie, warum.

8. Erklären Sie, warum nach dem Reinigen der Lötstelle diese mit einem Flussmittel versehen werden muss.

9. Erklären Sie den Einfluss der Löttemperatur auf die Festigkeit der Lötverbindung.

10. Ab welcher Temperatur spricht man vom Hartlöten?

t > ______________ °C

11. Bei der industriellen Fertigung werden noch an vielen Maschinen die Werkstücke von Hand eingespannt. Eine Alternative dazu ist eine pneumatische Spannvorrichtung. Welche Vorteile würden sich durch das Spannen mit dieser pneumatischen Spannvorrichtung ergeben?

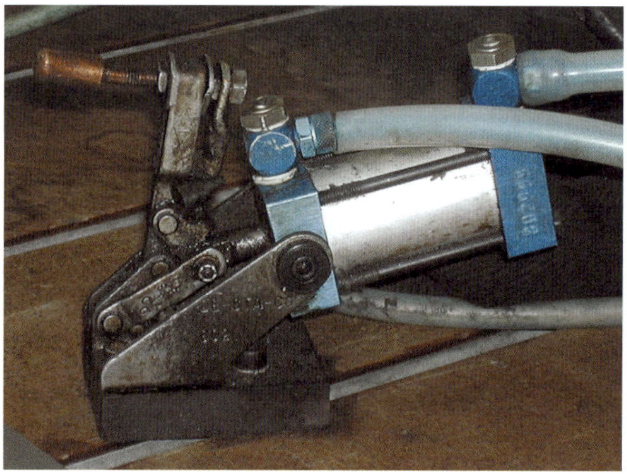

Herstellen einfacher Baugruppen

Name:	Klasse:	Datum:	Seite:

12. Zum Einspannen des Bügels muss von Hand ein Schalter betätigt werden. Man spricht von einer Steuerung. Erklären Sie die Merkmale einer Steuerung im Gegensatz zu einer Regelung.

13. In einer Steuerung werden Steuergerät, Stellglied und Steuerstrecke miteinander verknüpft. Ordnen Sie diese Begriffe den Bauteilen der pneumatischen Spannvorrichtung zu.

14. Stellen Sie in einem Blockschaltbild die Steuerung der Spannvorrichtung dar.

15. Die Steuersignale können durch verschiedene Energieträger (z.B. Luft) weitergeleitet werden. Zählen Sie zwei weitere Energieträger auf und nennen Sie je einen Vor- und einen Nachteil gegenüber Luft.

Name: | Klasse: | Datum: | Seite:

16. Bei einer pneumatischen Steuerung werden die Signale durch Luft übertragen. Damit die Luft strömen kann, muss sie unter Druck gesetzt (komprimiert) werden. Dies geschieht am einfachsten mit einer Kolbenpumpe.

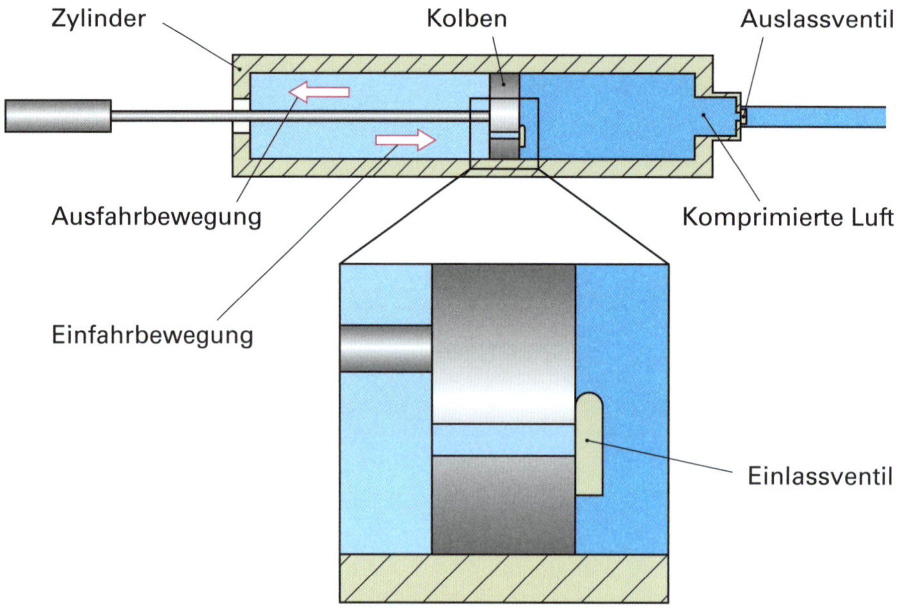

Während der Ausfahrbewegung wird der Zylinder mit Luft gefüllt. Wo kommt diese Luft her? Welche Stellung (zu/offen) haben dabei das Ein- und Auslassventil?

17. Bei der Einfahrbewegung kann die Luft nicht so schnell aus dem offenen Auslassventil entweichen. Was geschieht mit der Luft im Zylinder? Wie verändert sich der Druck?

Name:	Klasse:	Datum:	Seite:

18. Neben Kolbenverdichtern werden auch Verdichter anderer Bauart eingesetzt. Nennen Sie zwei weitere Bauarten und vergleichen Sie diese hinsichtlich Druck und Fördermenge mit Kolbenverdichtern.

19. Die Spannvorrichtung wird mit einem Pneumatikzylinder angetrieben. Nennen Sie zwei Arten von Zylindern und stellen Sie diese symbolisch dar.

20. Erklären Sie den Unterschied der beiden Bauarten.

Name:	Klasse:	Datum:	Seite:

21. Um welche Bauart handelt es sich bei dem Zylinder der Spannvorrichtung (siehe Bild)? Begründen Sie.

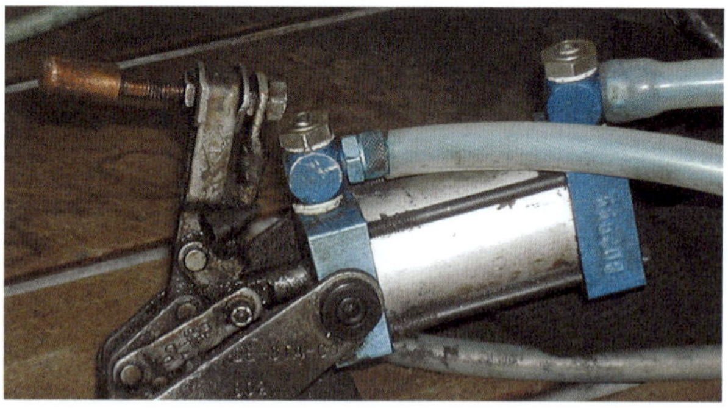

22. Wenn die Luft sich im Zylinder ausbreitet, drückt sie mit einem bestimmten Druck auf den Kolben. Im Fall der pneumatischen Spannvorrichtung fährt der Kolben aus und bewegt die Kolbenstange mit einer bestimmten Kraft. Geben Sie die Formel zur Berechnung der Kolbenkraft an. Erklären Sie die Formelzeichen mit den zugehörigen Einheiten.

23. Berechnen Sie die Kolbenkraft der Spannvorrichtung beim Ausfahren, wenn die Anlage einen Druck von 60 N/cm^2, der Zylinder einen Durchmesser von 40 mm und der Zylinder einen Wirkungsgrad von 0,88 hat.

Name:	Klasse:	Datum:	Seite:

24. Der Zylinder der Spannvorrichtung hat einen Durchmesser von 45 mm und einen Kolbenhub von 120 mm. Berechnen Sie den Luftverbrauch [in l] für 50 Einspannvorgänge bei einem Anlagendruck von 6 bar.

25. Das Ausfahren des Kolbens und der damit verbundene Einspannvorgang wird durch Handschaltung ausgelöst. Wählen Sie eine sinnvolle Betätigungsart und stellen Sie diese symbolisch dar.

26. Durch die Handschaltung wird ein Wegeventil betätigt. Wie wird dieses Ventil bezeichnet? Erklären Sie die Bedeutung der Bezeichnung.

27. Stellen Sie ein 3/2-Wegeventil symbolisch dar und ergänzen Sie die Betätigung.

Name:	Klasse:	Datum:	Seite:

28. Mithilfe der Symbole lässt sich der Aufbau einer Schaltung darstellen. Die Bauteile werden durch Striche (Leitungen) miteinander verbunden.

Die im Bild dargestellten Ventile reichen nicht aus, um den Zylinder funktionsgerecht zu betätigen. Übernehmen Sie die Schaltung. Vervollständigen Sie die 3/2-Wegeventile, ergänzen Sie das fehlende 5/2-Wegeventil und verbinden Sie die Bauteile.

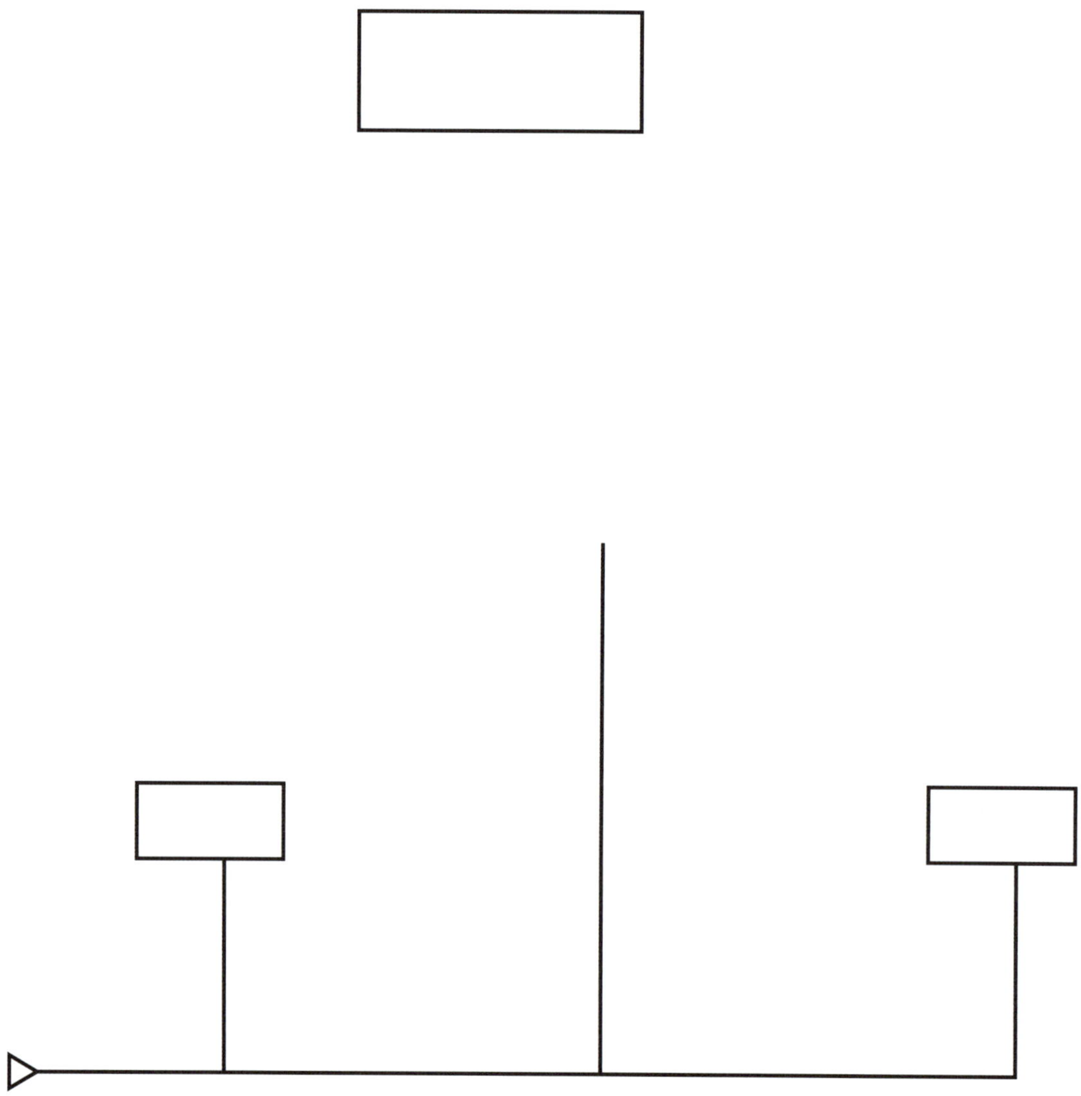

29. Benennen Sie in der Schaltung die Bauteile normgerecht nach DIN EN 81346-2.

Auftrag:

„Räume bitte deine Jacke auf!“ Diesen Satz hören Jugendliche immer wieder von ihren Eltern. Aber wohin mit der Jacke, wenn die Garderobe im Flur schon voll ist? Gut wäre eine eigene kleine Garderobe.
Eine solche Garderobe für zwei Kleiderbügel und sogar mit einer Ablage für alles Mögliche ist schnell gebaut, zumindest für einen Metallbauer.
Der Auftrag umfasst die Montage der dargestellten Garderobe.

INFORMIEREN

1. Informieren Sie sich anhand der Explosionszeichnung und ordnen Sie den folgenden Einzelteilzeichnungen die Positionsnummern zu.

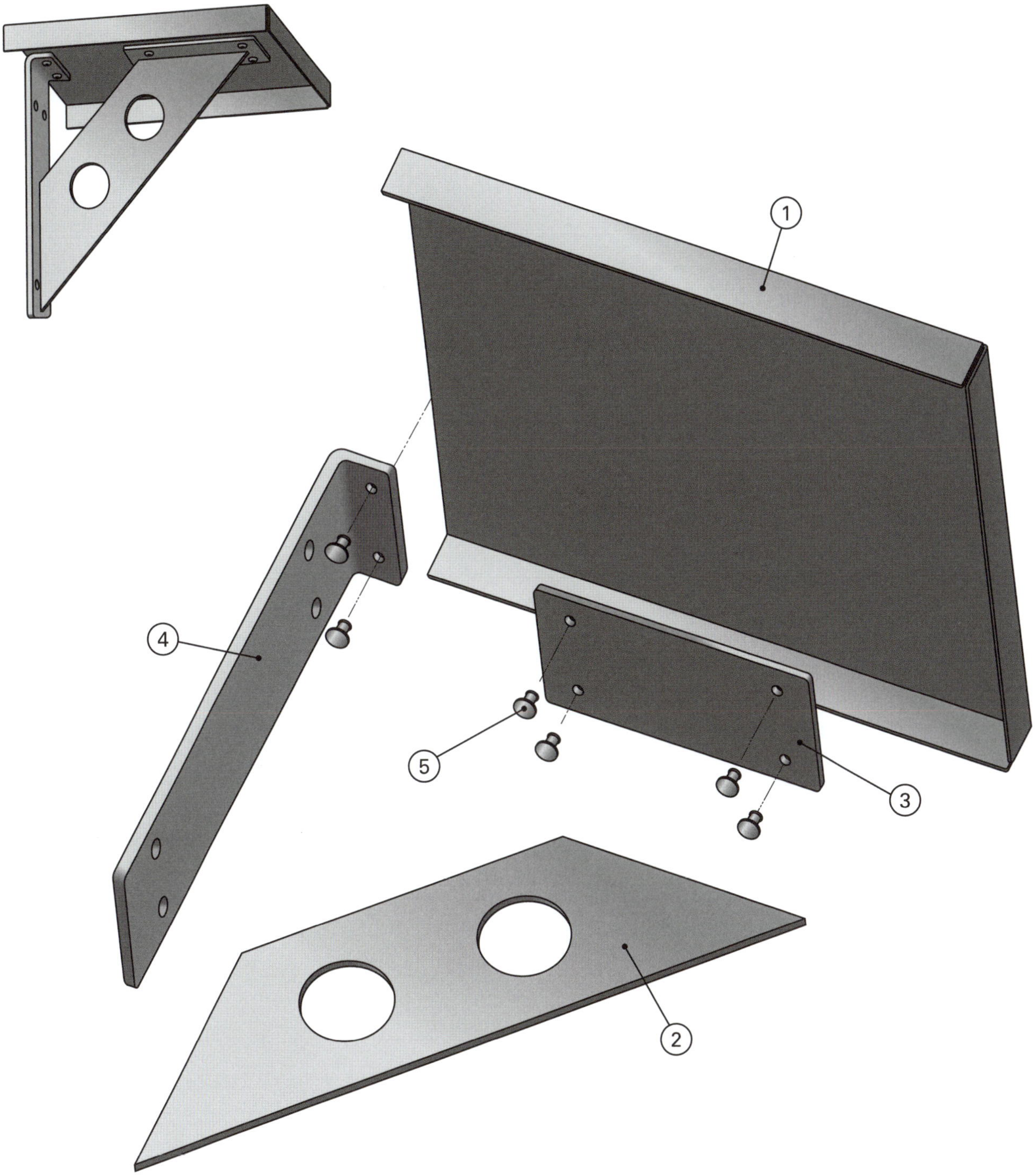

Garderobe
(ohne Maßstab)

Name: | Klasse: | Datum: | Seite:

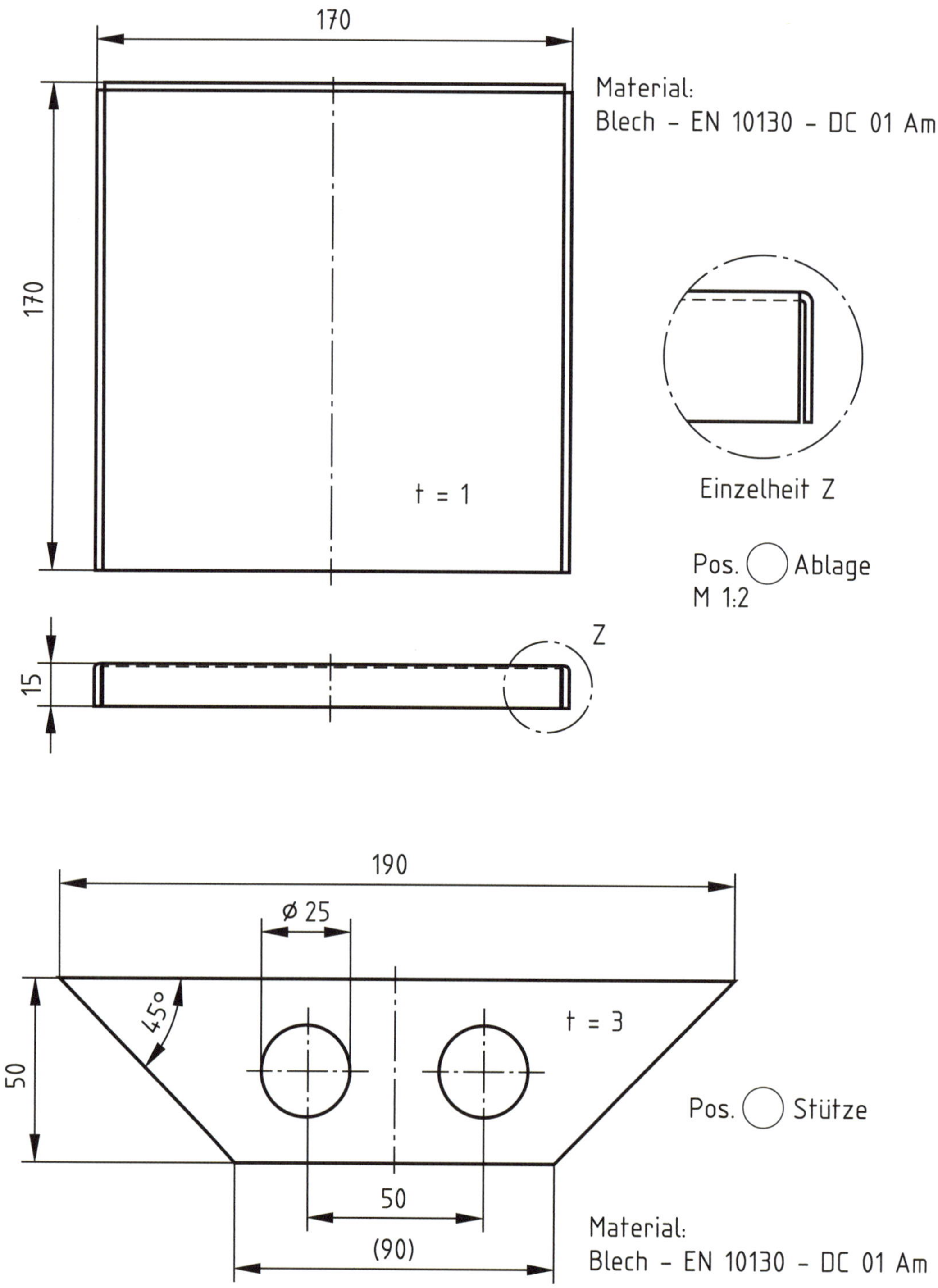

Schule	Erstellt durch	Titel, zusätzlicher Titel **Garderobe** **Einzelteilzeichnungen**	Dokumentenart
Klasse	Ausgabedatum		Zeichnungs-Nr. 1 / Blatt

Herstellen einfacher Baugruppen

Name:	Klasse:	Datum:	Seite:

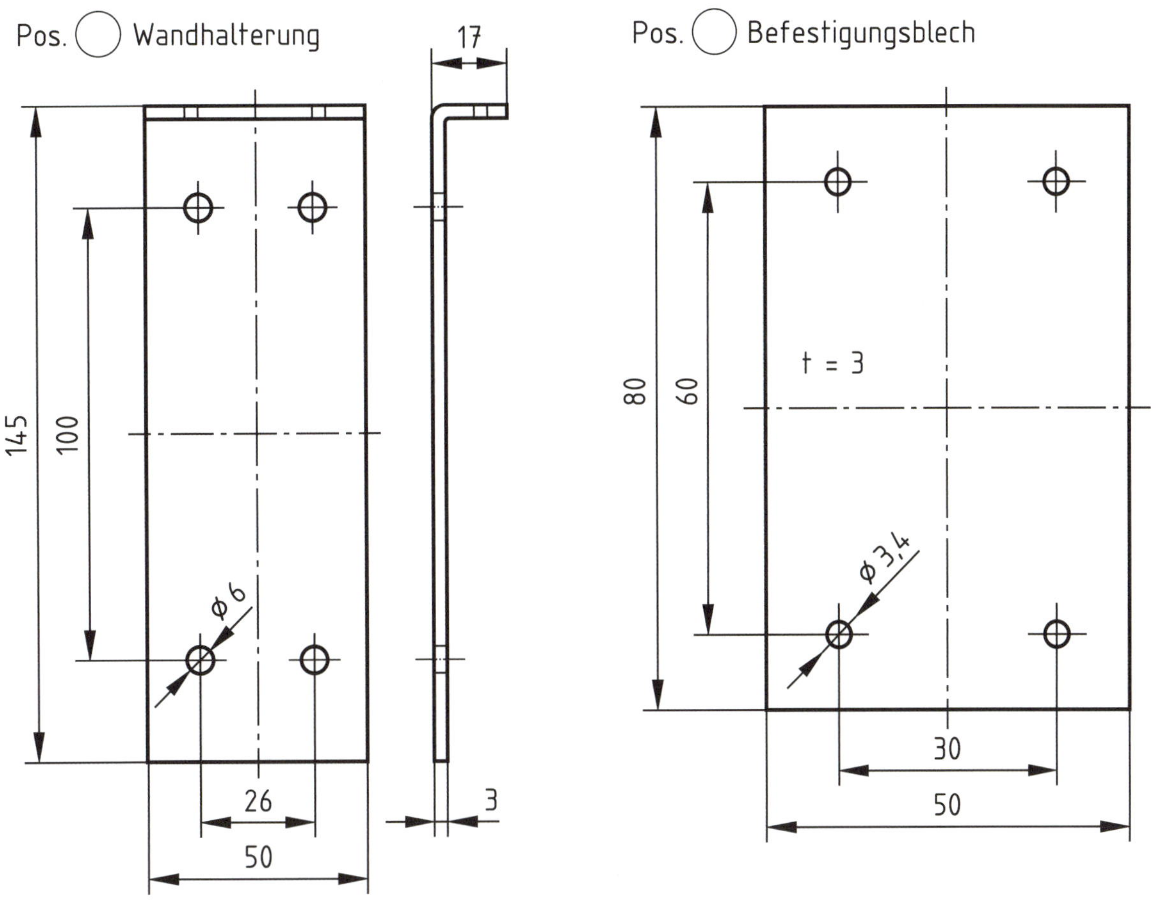

Material: Blech – EN 10130 – DC 01 Am

Stückliste						
1	2	3	4	5	6	7
Pos.	Menge	Einheit	Benennung	Norm-/Kurzbezeichnung	Werkstoff	Bemerkung
1	1	Stck.	Ablage	DIN EN 10130 – 1 × 205 × 185	DC 01 AM	v
2						
3						
4						
5	6	Stck.	Blindniet			

Schule	Erstellt durch	Titel, zusätzlicher Titel	Dokumentenart	
Klasse	Ausgabedatum	**Garderobe**	Zeichnungs-Nr. **3**	Blatt

2. Notieren Sie die Bauteile der Pos. 2 bis 4 in die Stückliste und ergänzen Sie die Norm-/Kurzbezeichnung sowie den Werkstoff entsprechend dem Beispiel von Pos. 1.

PLANEN

3. Für die Verbindung der Abdeckung am Befestigungsblech stehen zwei Fügeverfahren zur Auswahl: Schweißen und Nieten.
Beurteilen Sie beide Verfahren nach folgenden Anforderungen und entscheiden Sie sich für ein Verfahren:

a) Ist die Verbindung auf Dauer fest genug?

b) Kann sich die dünne Wanne beim Herstellen verziehen?

c) Ist es notwendig die Verbindung wieder zu lösen?

Name:	Klasse:	Datum:	Seite:

4. Das Befestigungsblech soll durch eine Nietverbindung mit der Ablage gefügt werden. Es sollen Niete aus Stahl verwendet werden (siehe Stückliste).
Begründen Sie diese Entscheidung.

5. Wählen Sie anhand des Werkstoffes geeignete Niete aus und geben Sie die Norm an.

6. Entnehmen Sie der Zeichnung des Befestigungsbleches den Nietlochdurchmesser und wählen Sie einen geeigneten Nietdurchmesser.

7. Um die Nietlänge auszuwählen, muss die Klemmlänge bestimmt werden. Erklären Sie den Begriff Klemmlänge.

8. Ermitteln Sie die Materialstärken von Ablage und Befestigungsblech und berechnen Sie die Klemmlänge. Tragen Sie das Maß in die nebenstehende Zeichnung ein.

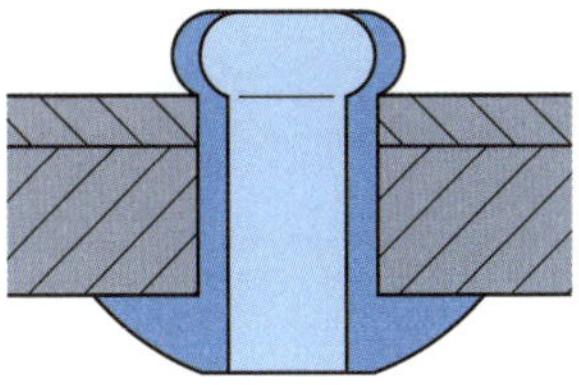

9. Wählen Sie anhand der Klemmlänge die Schaftlänge des Niets l aus und vervollständigen Sie die Stückliste.

Name:	Klasse:	Datum:	Seite:

DURCHFÜHREN

10. Die Wandhalterung und die Stütze der Garderobe sollen durch Schweißen miteinander verbunden werden (siehe Bild).

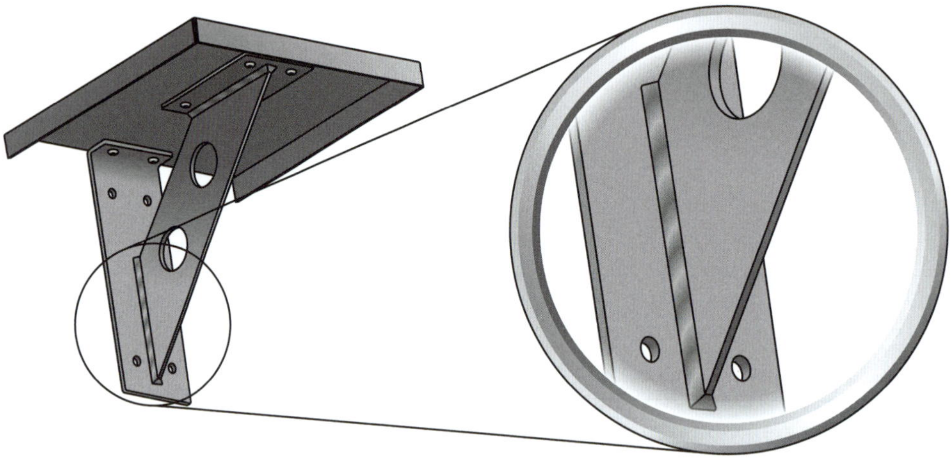

Diese Schweißverbindung muss die Kräfte der Garderobe auf die Wandhalterung übertragen. Diese Übertragung erfolgt durch Stoffschluss.
Skizzieren und erklären Sie dieses Verbindungsprinzip. Gehen Sie dabei auf die Kohäsoins- und Adhäsionskräfte ein.

Skizze:

11. Zum Schweißen der Garderobe wird das MAG-Schweißverfahren gewählt. Erklären Sie den Begriff MAG-Schweißen.

Herstellen einfacher Baugruppen

Name:	Klasse:	Datum:	Seite:

12. Das MAG-Schweißen gehört zur Gruppe der Schutzgasverfahren. Welche Aufgabe hat das Schutzgas und welche Vorteile ergeben sich daraus für die Qualität der Schweißnaht?

13. Wählen Sie ein geeignetes Schutzgas und erklären Sie dessen Zusammensetzung.

14. Die Schweißnaht ist in der Zeichnung symbolisch dargestellt (siehe Bild). Erklären Sie das Schweißnahtsymbol.

a3

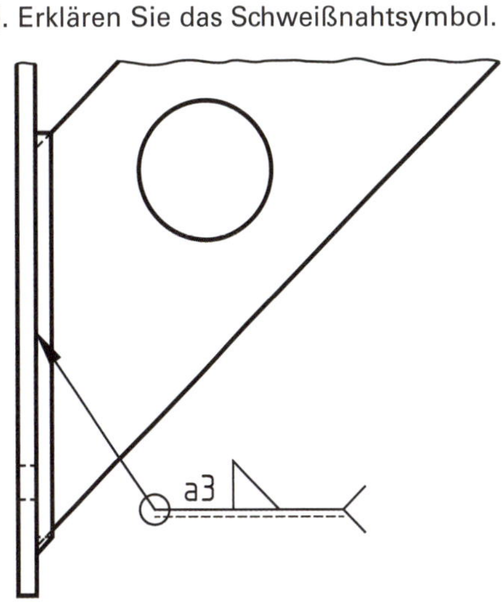

15. Die einzelnen Schweißverfahren werden nach Ordnungsnummern sortiert. Bestimmen Sie die Ordnungsnummer des MAG-Schweißverfahrens und ergänzen Sie diese am Schweißsymbol im oberen Bild.

Name: | Klasse: | Datum: | Seite:

16. Beim Schweißen sind Sie einer Vielzahl von Gefahren ausgesetzt. Beschreiben Sie drei dieser Gefahren und nennen Sie die jeweiligen Schutzmaßnahmen.

KONTROLLIEREN

17. Nach den Schweißarbeiten wird die Schweißnaht einer Sichtprüfung unterzogen. Nennen Sie drei mögliche Fehler, die dabei festgestellt werden können.

18. Zum Kontrollieren von Schweißnähten gibt es neben der Sichtprüfung noch andere Verfahren der Schweißnahtprüfung. Nennen Sie zwei und geben Sie jeweils einen Fehler an, der dabei festgestellt werden kann.

Warten technischer Systeme

Name:	Klasse:	Datum:	Seite:

Auftrag:

Das technische System Bandsägemaschine in Ihrer Firma muss regelmäßig gewartet werden. Ihr Meister gibt Ihnen folgenden Arbeitsauftrag:

Die Bandsäge muss gewartet werden. Nehmen Sie bitte die Unterlagen zur Hand und schauen nach, was bei der Wartung durchgeführt werden muss.

INFORMIEREN:

1. Bei der Bandsägemaschine handelt es sich um ein technisches System. Nennen Sie die wichtigsten Umsetzungsvorgänge in einem technischen System.

____

____

____

____

____

2. Technische Systeme lassen sich in drei Untergruppen unterteilen. Nennen Sie die drei Untergruppen eines technischen Systems.

1. ______________________________
2. ______________________________
3. ______________________________

Warten technischer Systeme

Name:	Klasse:	Datum:	Seite:

3. Nennen Sie die drei Ein- und Ausgangsgrößen eines technischen Systems.

1. ______
2. ______
3. ______

4. Nennen Sie zu jeder Größe jeweils zwei Eingabe- und Ausgabebeispiele und tragen Sie diese in die Tabelle ein.

	Eingabe	Ausgabe
Stoff		
Information		
Energie		

5. Erstellen Sie eine Übersicht der Funktions- und Baueinheiten der Bandsägemaschine (Bild auf S. 106) unter Zuhilfenahme der Wartungsunterlagen (siehe Seite 106).

Antriebe			
Bewegungsenergie übertragende und wandelnde Bauteile			
Tragende und stützende Bauteile			
Halte- und Spannvorrichtungen			
Informationsumsetzende Bauteile			
Zusatzeinrichtungen			

Name:	Klasse:	Datum:	Seite:

6. Benennen Sie die vier Grundmaßnahmen der Instandhaltung.

1. ___
2. ___
3. ___
4. ___

7. Erklären Sie mit eigenen Worten die vier Grundmaßnahmen der Instandhaltung.

8. Nennen Sie Verbesserungsmaßnahmen für die Bandsägemaschine.

Name:	Klasse:	Datum:	Seite:

9. Warum ist eine Wartung nach Herstellervorgaben erforderlich?

10. Analysieren Sie die Wartungsunterlagen der Bandsäge (siehe Seite 105 f.). Welche Angaben können Sie aus den Unterlagen entnehmen?

PLANEN

11. Sie planen die Wartung der Bandsägemaschine. Welche Werkzeuge benötigen Sie für die Wartungsarbeiten?

12. Welche Aufgabe haben die Schmierstoffe?

13. Wie werden die Schmierstoffe unterteilt?

14. Wie werden die Schmierstoffe gekennzeichnet?

Name:	Klasse:	Datum:	Seite:

15. Welche Schmierstoffe benötigen Sie für die Wartungsarbeiten? Entschlüsseln Sie dazu die Bezeichnungen der angegebenen Schmierstoffe.

16. Wie entsorgen Sie die verbrauchten Schmierstoffe?

17. Wie werden die verschiedenen Schmierstellen mit Schmierstoff versorgt?
Sehen Sie sich die Maschinen in Ihrem Betrieb an. Welche Möglichkeiten der Schmierstoffversorgung gibt es dort?

Name:	Klasse:	Datum:	Seite:

DURCHFÜHREN

18. Welche Sicherheitsvorschriften sind bei der Wartung zu beachten?

KONTROLLIEREN

19. Die Bandsäge wird von einem Keilriemen angetrieben. Die Spannung des Keilriemens soll geprüft werden. Beschreiben Sie mit eigenen Worten, wie Sie bei der Überprüfung vorgehen.

Name:	Klasse:	Datum:	Seite:

Auszug aus den Wartungsunterlagen der Bandsägemaschine:

TerSim Maschinenbau GmbH

INHALTSVERZEICHNIS

Warten technischer Systeme

Name: | Klasse: | Datum: | Seite:

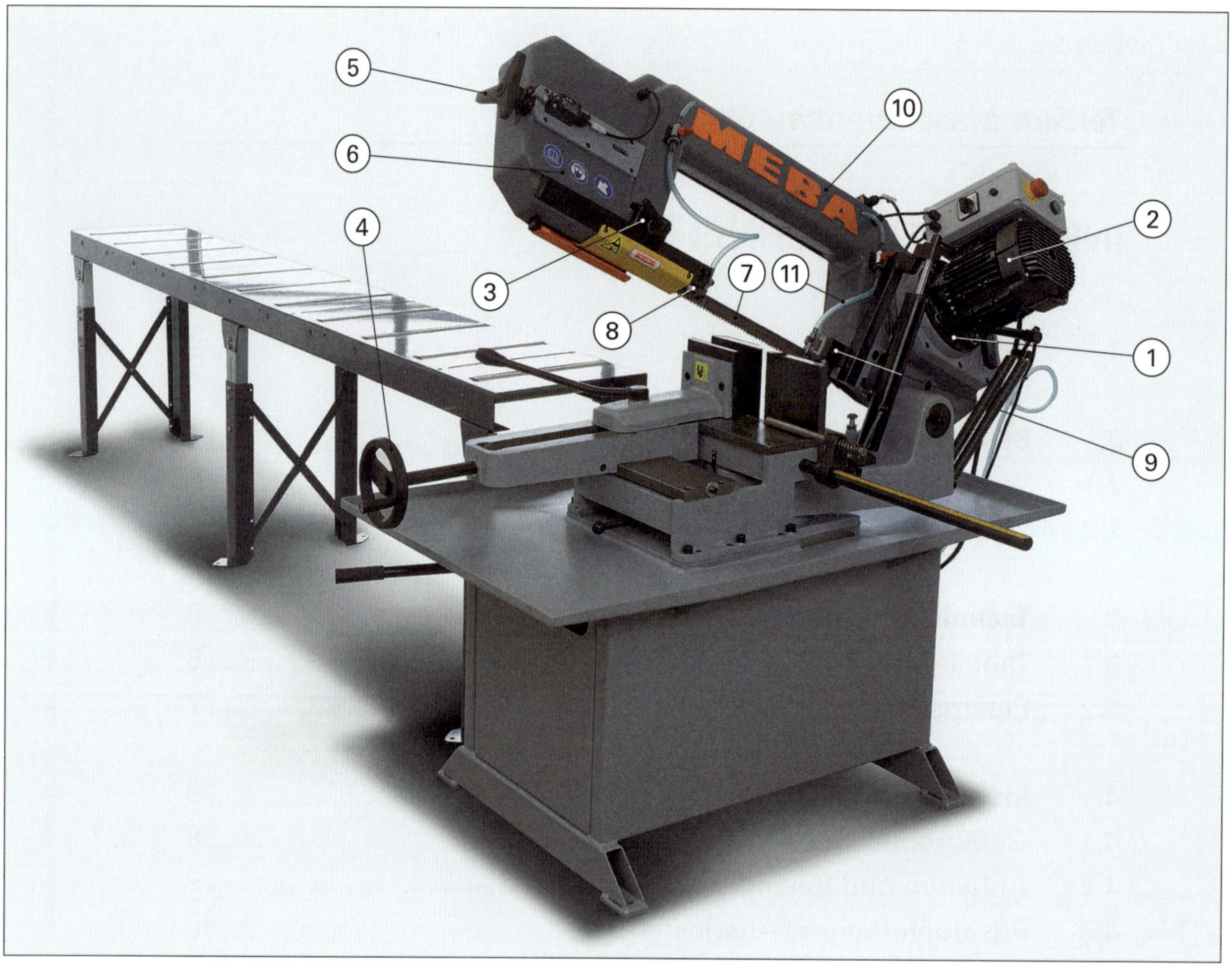

Nr.	Wartungsstelle	Tätigkeit	Häufigkeit	Hilfsstoffe/ Schmiermittel
1	Keilriementrieb	Spannung prüfen	wöchentlich	–
		Lager schmieren	wöchentlich	CLP 100
2	Motor	Motorbefestigung kontrollieren	wöchentlich	–
		Kabel auf Beschädigungen und festen Sitz prüfen	wöchentlich	–
3	Verstellung Bandführungen	Schmieren	wöchentlich	K1K
4	Spannstock	Spannbacken kontrollieren	monatlich	–
		Führung prüfen und schmieren	wöchentlich	K1K
		Spindel schmieren	wöchentlich	K2M
5	Spannvorrichtung Sägeband	Spindel schmieren	wöchentlich	KP2K
		Spannung Sägeband überprüfen	täglich	–
6	Sägebandlaufrollen	Auf Verschleiß prüfen	monatlich	–
		Laufrollenlagerung schmieren	wöchentlich	CLP100
7	Sägeband	Auf Beschädigung kontrollieren	täglich	–
8	Bandführungen	Führungen auf Verschleiß kontrollieren	monatlich	–
		Verschleiß der Dämpfungsrollen prüfen	monatlich	–
		Bandlaufrollenlager schmieren	wöchentlich	CLP 100
9	Endlagentaster	Auf Beschädigungen kontrollieren	wöchentlich	–
10	Abdeckgehäuse	Lackierung prüfen	monatlich	–
11	Kühlschmierstoff	Qualität prüfen	wöchentlich	

Name:	Klasse:	Datum:	Seite:

Auftrag:

Wenn Ihre Firma auf einer Baustelle Druckluft benötigt, kommt ein kleiner transportabler Kompressor zum Einsatz. Beim letzten Baustellen-Einsatz ist aufgefallen, dass aus der angeschlossenen Druckluftpistole Wasser austritt. Aus diesem Grund gibt Ihnen Ihr Meister folgenden Arbeitsauftrag:

Warten Sie bitte den Kompressor. Das haben wir leider in letzter Zeit etwas vernachlässigt.

INFORMIEREN:

1. Zu welcher Verdichterbauart gehört der Kompressor?

2. Erklären Sie die Funktionsweise der Verdichterbauart des Kompressors.

3. Nennen Sie je drei Vor- und Nachteile eines Kolbenverdichters.

Vorteile	Nachteile

4. Warum fällt Wasser aus, wenn man Luft komprimiert (siehe Seite 115)?

5. Leider sind die Wartungsunterlagen der Watungseinheit nicht mehr auffindbar.
So müssen Sie sich nun selber über die Bauteile der Wartungseinheit Informieren (Seite 115 bis 118):

- Geräuschdämpfer
- Öler
- Druckregelventil
- Luftfilter mit Wasserabscheider

Bearbeiten Sie das Arbeitsblatt „Druckmessgerät" (Seite 118). Versuchen Sie die Funktion des Druckmessgerätes anhand der erarbeiteten Ergebnisse mit eigenen Worten zu beschreiben.

6. Beantworten Sie folgende Fragen:

a) Bis zu welchem Druck ist die Luft wirtschaftlich komprimierbar?

b) Welche Verunreinigungen enthält die uns umgebende Luft, die zur Zerstörung oder Funktionsbeeinträchtigung der Arbeits- und Steuerelemente führen können?

c) Wovon ist die relative Wasseraufnahme der Luft abhängig? Kreuzen Sie die richtige Lösung an.

- ☐ Druck
- ☐ Volumen
- ☐ Temperatur

d) Zählen Sie die Elemente der Wartungseinheit in der Reihenfolge auf, in der die Druckluft durch sie strömt.

e) An welchen Stellen in der Pneumatikanlage wird die Wartungseinheit eingebaut?

f) Erklären Sie, wie der komprimierten Luft das Wasser im Wasserabscheider entzogen wird.

g) Was ist bei der Entleerung des Wassers aus dem Luftfilter mit Wasserabscheider zu berücksichtigen?

h) Warum wird ein Druckregelventil in einer pneumatischen Anlage eingebaut?

i) Warum werden in pneumatischen Anlagen Druckmessgeräte eingebaut?

j) Ändern sich die Kräfte der Rohrfeder (Bild S. 118), wenn statt des abgeflachten Rohres ein rundes Rohr mit dem Durchmesser 10 mm verwendet würde? Begründen Sie Ihre Antwort.

k) Warum wird die Druckluft im Bauteil Öler geölt?

l) Durch welchen Effekt wird die Luft im Öler mit Öl versetzt? Erklären Sie mit eigenen Worten den physikalischen Vorgang.

m) Wann ist bei der Verwendung geölter Druckluft Vorsicht geboten?

n) Welche Nachteile entstehen durch das Austreten der Luft in die Umgebung?

Name:	Klasse:	Datum:	Seite:

7. Erklären Sie die Funktionsweise der Schnellkupplung mithilfe der Skizze und der Tabelle.

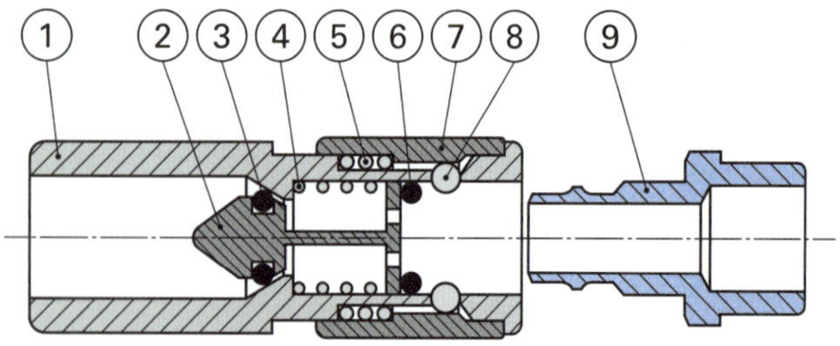

Bild 1: Vor dem Einsteckvorgang

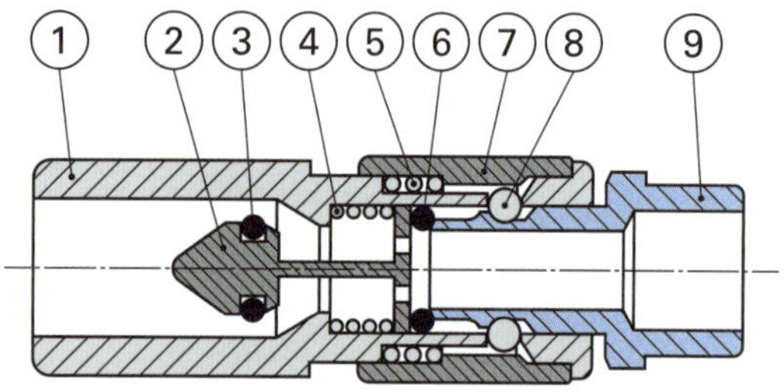

Bild 3: Nach dem Einsteckvorgang

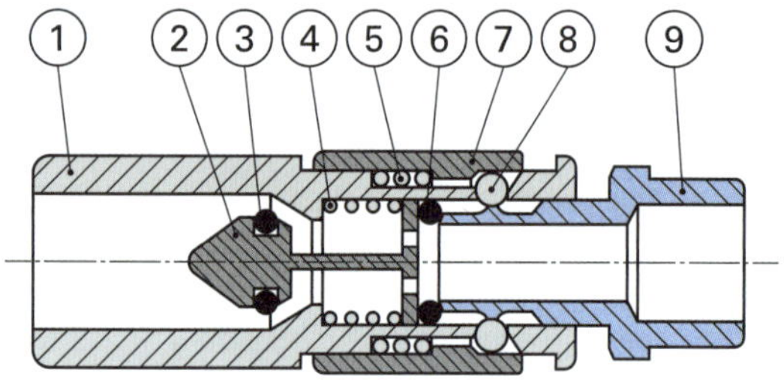

Bild 2: Während des Einsteckvorgangs

Pos.-Nr.:	Benennung
1	Schnellkupplungsbuchse
2	Verschlusskolben
3	Dichtring Verschlusskolben
4	Druckfeder Verschlusskolben
5	Druckfeder Verriegelung
6	Dichtring Schnellkupplungsstecker
7	Verriegelung
8	Verschlusskugeln
9	Schnellkupplungsstecker

Warten technischer Systeme

Name:	Klasse:	Datum:	Seite:

PLANEN

8. In der Bedienungsanleitung des Kompressors sind folgende Sicherheitskennzeichnungen abgedruckt. Geben Sie die Bedeutung der Kennzeichen an.

Symbol	Bedeutung	Auswirkung bei Nichtbeachtung	Warnzeichen	Verbotszeichen	Gebotszeichen	Rettungszeichen	Brandschutzzeichen

DURCHFÜHREN

9. Mit welcher Kraft wird das Steckerstück der Schnellkupplung ausgestoßen, wenn der Durchmesser des Steckers 10 mm beträgt und der Druck am Druckluftanschluss p_e = 6 bar beträgt?

Name:	Klasse:	Datum:	Seite:

10. Erklären Sie, warum aus der angeschlossenen Druckluftpistole Wasser austritt und wie Sie dies verhindern können.

11. Als Sie den Druckbehälter entleeren wollten und den Druckluftschlauch für die Druckluftpistole anschließen, stellen Sie fest, dass die Kupplung sehr schwergängig ist. Welche Ursachen kann dies haben?

KONTROLLIEREN

12. Nach der Wartung des Kompressors führen Sie einen Probelauf durch.
Müssen Sie dabei einen Gehörschutz tragen? Begründen Sie Ihre Entscheidung.

13. Wie können Sie nach der Wartung feststellen, ob der Kompressor wieder einwandfrei arbeitet?

Auszug aus den Wartungsunterlagen des Kompressors:

Technische Daten:

Ansaugleistung	220 l/min
Füllleistung	295 l/min
Spannung	230V/50 Hz
Elektrische Absicherung (träge)	16A
Motorleistung	1,2 kW
Höchste Betriebsdrehzahl	2800 U/min
Verdichtungsenddruck	8 bar
Einschaltdruck	6 bar
Behälterinhalt	24 l
Maximal zulässiger Betriebsüberdruck des Behälters	9 bar
LWA Schallleistungspegel nach DIN EN ISO 3744 (RL 2000/14/EG)	96 dB(A)
PA4 Schalldruckpegel in 4 m Abstand	86 dB(A)
Abmessungen: Breite x Tiefe x Höhe	820 x 410 x 810 mm
Gewicht	64 kg
Schalldruckpegel gemessen LpA	86 dB(A)

Aufbau:

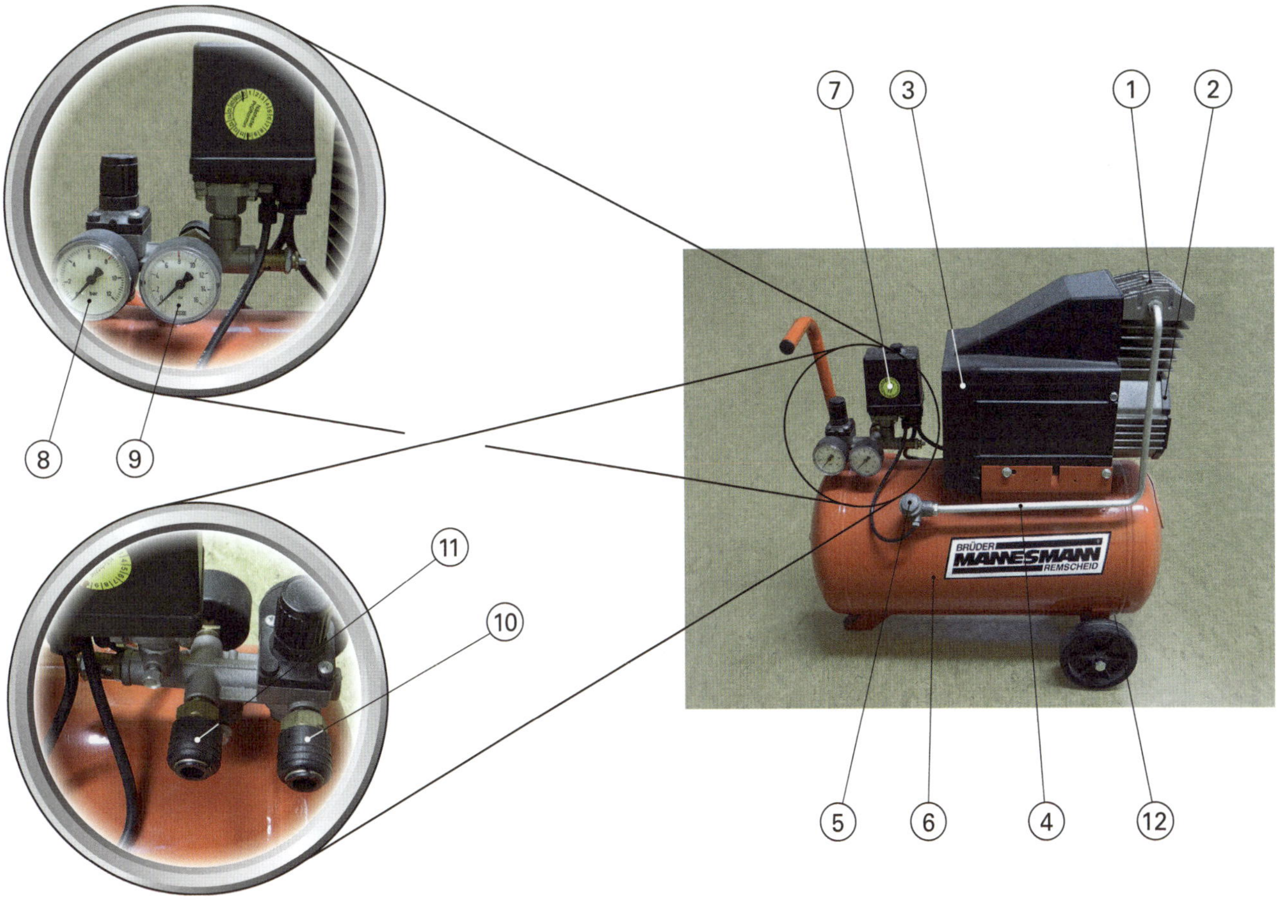

1 Kompressoraggregat
2 Ansaugfilter
3 Motorlüfter
4 Druckrohr
5 Rückschlagventil
6 Behälter
7 Sicherheitsventil
8 Manometer (Arbeitsdruck)
9 Manometer (Behälterdruck)
10 Schnellkupplung (geregelte Druckluft)
11 Schnellkupplung (ungeregelte Druckluft)
12 Kondensatablassventil

Name:	Klasse:	Datum:	Seite:

Wartungsplan Kompressor

- Vor jeder Wartungstätigkeit: Kompressor am EIN/AUS-Schalter ausschalten, spannungslos schalten und vor Wiedereinschaltung sichern.
- Kompressor drucklos machen (mit Ausblaspistole gesamten Druck aus dem Behälter abblasen).

Nr.	Anlagenteil	Auszuführende Arbeiten	Mess- und Prüfgröße	Häufigkeit	Bemerkungen
1	Kompressor reinigen	• Kühlrippen an Zylinder, Zylinderkopf und Nachkühler mit Druckluft reinigen • Lüfterabdeckung am Motor reinigen		Bei Bedarf	
2	Filtereinsatz reinigen	Filtereinsatz entnehmen und in Seifenlauge reinigen	Seifenlauge max. 50 °C	Bei Bedarf	Befestigungsschrauben am Filtereinsatz gegen den Uhrzeigersinn abschrauben
3	Kondensat aus Druckbehälter ablassen	Kondensatablassventil öffnen	Behälterdruck: 2 bis 3 bar	Nach jedem Einsatz	Schutzbrille tragen! Geeigneten Behälter unter Druckbehälter halten
4	Schraubverbindungen	Auf festen Sitz prüfen		Einmal nach 10 Betriebsstd.	
5	Ansaugfilter	Auf Verunreinigungen prüfen		Wöchentlich	
6	Ansaugfilter	Reinigen		50 Betriebsstd./ nach $\frac{1}{2}$ Jahr	
7	Ansaugfilter wechseln			500 Betriebsstd./ nach 1 Jahr	
8	Rückschlagventil und Einsatz wechseln			500 Betriebsstd./ nach 1 Jahr	
9	Schraubverbindungen	Auf festen Sitz prüfen		500 Betriebsstd./ nach 1 Jahr	
10	Sicherheitsventil	Wechseln		2500 Betriebsstd./ nach 5 Jahren	Gewinde des neuen Sicherheitsventils mit Gewindesicherungskleber bestreichen

Informationsblatt „Druckluftaufbereitung"

Die uns umgebende Luft enthält viele Verunreinigungen (z. B. Wasserdampf und Schmutzpartikel). Diese Verunreinigungen können die Arbeits- und Steuerelemente, die mit Druckluft betrieben werden, beschädigen oder deren Funktion beeinträchtigen. (Schmutzpartikel erhöhen die Reibung und damit den Verschleiß, Kondensat ist die Ursache für Korrosion und Volumenverringerung in Druckluftbehältern.)

Kompressoren saugen diese verunreinigte Umgebungsluft an und komprimieren sie. Dadurch erhöhen sich die relativen Verunreinigungen um ein Vielfaches. Die Luftfeuchtigkeit kann sogar als Kondensat ausfallen.

Dazu ein Beispiel:

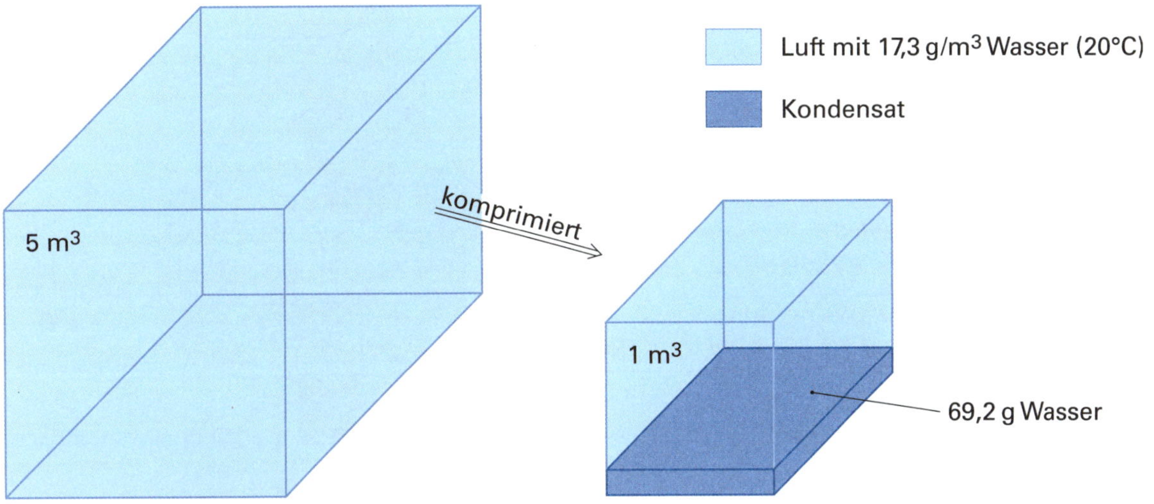

Kondensation der Luftfeuchtigkeit bei der Kompression

Luft kann bei 20 °C bis zu 17,2 g/m³ Wasser aufnehmen. Diese Wasseraufnahme ist vom Druck unabhängig. Der Kompressor saugt 5 m³ gesättigte Luft an. Damit hat er 86,5 g Wasser angesaugt. Werden diese 5 m³ nun auf 1 m³ komprimiert, befinden sich immer noch 86,5 g Wasser in der Luft. Da 1 m³ Luft bei 20 °C aber nur 17,3 g Wasser aufnehmen kann, fallen 69,2 g Wasser als Kondensat aus.

Meistens wird an den einzelnen Arbeits- und Steuerelementen ein niedrigerer Druck benötigt als ihn der Kompressor zu Verfügung stellt. Daher muss der Druck reduziert werden.

Viele Arbeits- und Steuerelemente benötigen zur Verringerung der Reibung, des Verschleißes und zum Korrosionsschutz einen Schmierstoff, der den Elementen in Form von Öl zugeführt wird.

Aus diesen Gründen wird die Druckluft in der Wartungseinheit aufbereitet. Sie besteht aus **Luftfilter** mit **Wasserabscheider**, **Druckregelventil** und **Öler**.

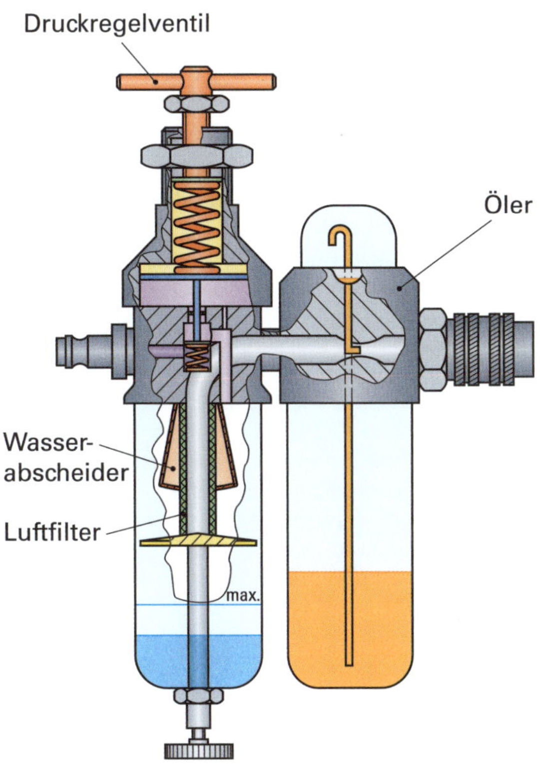

Wartungseinheit

Funktionsweise des Druckregelventils

Mit der Einstellschraube wird der für das System benötigte Druck eingestellt.
Ist die Einstellschraube so weit wie möglich herausgedreht, verschließt der Kolben den Durchgang vom Druckanschluss (1) zum Arbeitsanschluss (2).
Wird die Einstellschraube hineingedreht, übt die Druckfeder eine Kraft auf die Membrane aus. Über den Stößel und den Kolben wird diese Kraft übertragen und wirkt der Kraft der Schließfeder und der Kraft, die durch den Druck am Druckanschluss erzeugt wird, entgegen. Der Kolben öffnet einen schmalen Spalt und verbindet den Druckanschluss mit dem Arbeitsanschluss.
Der hohe Druck am Druckanschluss breitet sich aus. Über die Ausgleichsbohrung übt der hohe Druck eine Kraft auf die Membrane aus. Diese Kraft wirkt der Kraft der Druckfeder entgegen. Die Rückstellfeder drückt den Kolben nach oben und der Spalt zwischen Druckanschluss und Kolben wird geschlossen.
Wird am Arbeitsanschluss Luft entnommen, sinkt der Druck auf der Arbeitsanschlussseite wieder. Die Kraft auf die Membrane nimmt ab. Die Kraft der Druckfeder reicht wieder aus, um über den Stößel den Kolben gegen die Rückstellfeder nach unten zu drücken. Es entsteht wieder ein kleiner Spalt.
Wird am Arbeitsanschluss ständig Luft entnommen, bleibt immer ein kleiner Verbindungsspalt offen, durch den kontinuierlich Luft strömen kann.

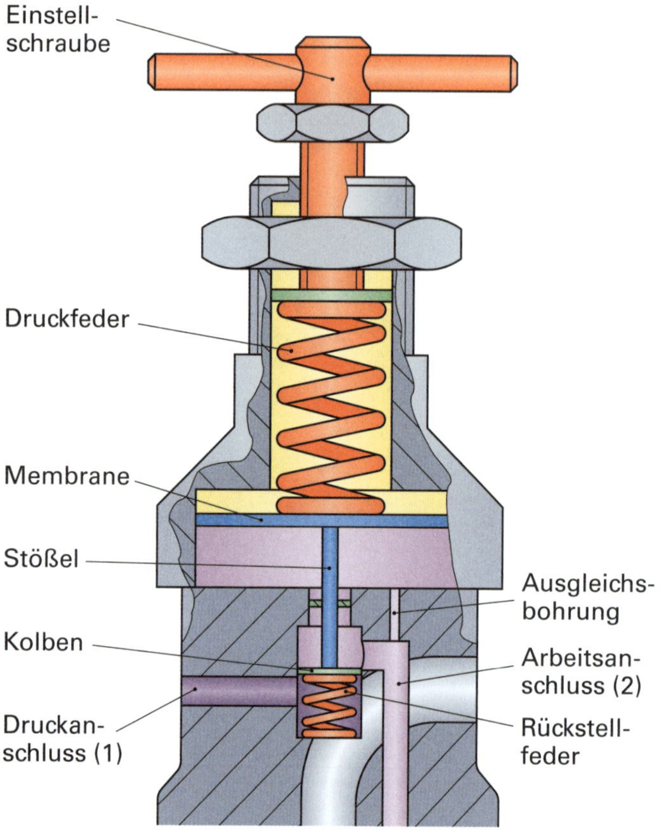

Druckregelventil

Funktionsweise des Luftfilters mit Wasserabscheider

Durch ein Leitblech in der Luft wird eine Wirbelströmung erzeugt.
Die rotierende Strömung bewirkt eine Zentrifugalkraft auf die Wassertröpfchen und die Schmutzpartikel in der Luft. Sie werden nach außen geschleudert, prallen an die Wand des Schauglases und rutschen an ihm nach unten.
Ist ein bestimmter Wasserstand erreicht, können das Wasser und die Schmutzpartikel über die Ablassschraube aus dem Schauglas entfernt werden.
Die entwässerte Luft kann unter dem Leitkegel durch den Luftfilter strömen und wird dort von noch vorhandenen Schmutzpartikeln befreit.
Die Schutzkappe sorgt dafür, dass kein Wasser vom Boden des Schauglases in die wirbelnde Luft und damit durch den Luftfilter gezogen wird.

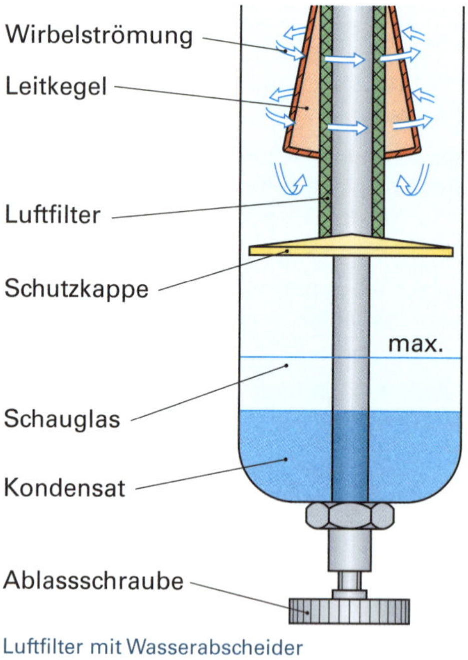

Luftfilter mit Wasserabscheider

Funktionsweise des Ölers

Die gereinigte Luft strömt von links nach rechts durch den Öler. In der Druckleitung befindet sich eine Verengung, die Venturi-Düse. Durch diese Verengung muss die Luft schneller strömen.

Es entstehen an den Außenbereichen der Venturi-Düse Unterdrücke. Dadurch herrscht im Ölschauglas ein geringerer Druck als im Ölbehälter. Das Öl steigt durch das Ölsteigröhrchen in das Ölschauglas und tropft in den Zerstäuber.

Die strömende Luft reißt das aus dem Zerstäuber kommende Öl mit und verteilt es in sehr kleinen Tröpfchen in der Luft.

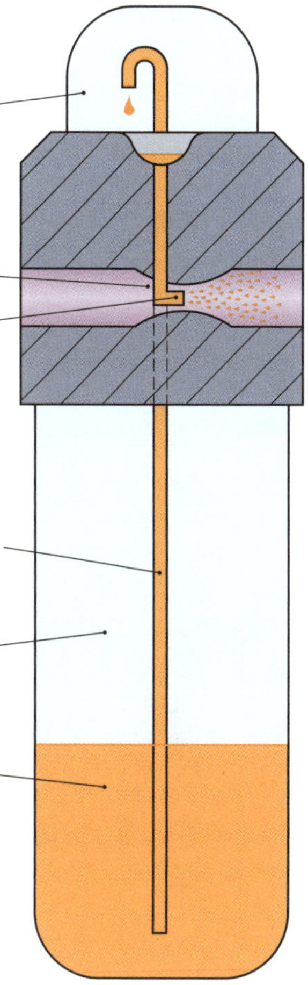

Öler

Funktionsweise des Schalldämpfers

Eine Reduzierung des Schalles wird durch die Herabsetzung der Strömungsgeschwindigkeit der Luft erzielt. Um dies zu erreichen, wird die in den Schalldämpfer einströmende Abluft über labyrinthartige Gänge des Dämpfungswerkstoffes (z. B. aus Sintermetall) nach außen geführt.

Dabei darf der Volumenstrom (Luftmenge, die pro Sekunde ausströmt) nicht verringert werden. Realisiert wird dies über eine großporige Oberfläche des Dämpfungswerkstoffes.

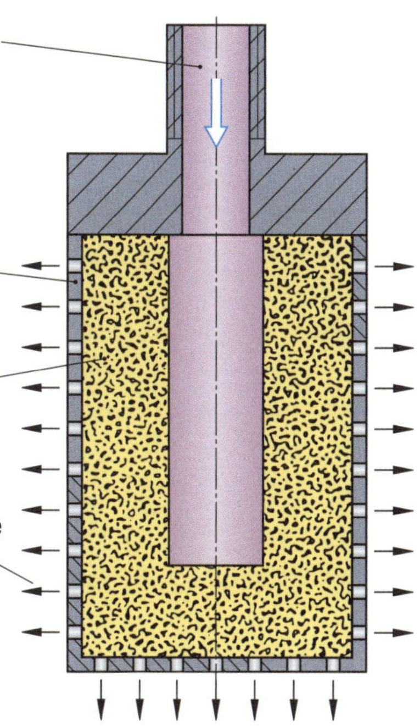

Schalldämpfer

Name:	Klasse:	Datum:	Seite:

Arbeitsblatt: Druckmessgerät

In technischen Anlagen muss man die Höhe des Druckes überprüfen können. Dazu werden Druckmessgeräte in die Leitungen eingebaut.
Das Druckmessgerät besteht aus einem gebogenen, elastischen Rohr (Rohrfeder) und einer Zahnradübersetzung. An diesem Zahnrad ist der Zeiger für die Anzeige befestigt.

Sie sollen nun die Funktionsweise des Druckmessgerätes erarbeiten:

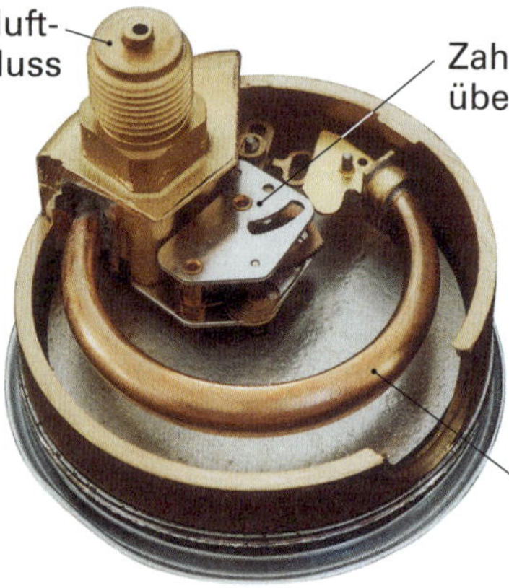

Innere Mechanik eines Druckmessgerätes mit Rohrfeder und Zahnradübersetzung

1. Berechnen Sie die innere (ø 30 mm; rot) und die äußere (ø 40 mm; grün) Länge l_i und l_a der Rohrfeder, wenn ihr Biegewinkel 230° beträgt.

____

____

2. Berechnen Sie die innere (ø 30 mm; rot) und äußere (ø 40 mm; grün) Fläche A_i und A_a der Rohrfeder.

____

____

3. Zeichnen Sie in die Rohrfeder (Skizze rechts) die Druckausbreitung ein.

4. Wie groß ist die Kraft F_i, die auf die innere Fläche wirkt, wenn ein Überdruck p_e = 6 bar herrscht?

____

____

5. Wie groß ist die Kraft F_a, die auf die äußere Fläche wirkt, wenn ein Überdruck p_e = 6 bar herrscht?

____

____

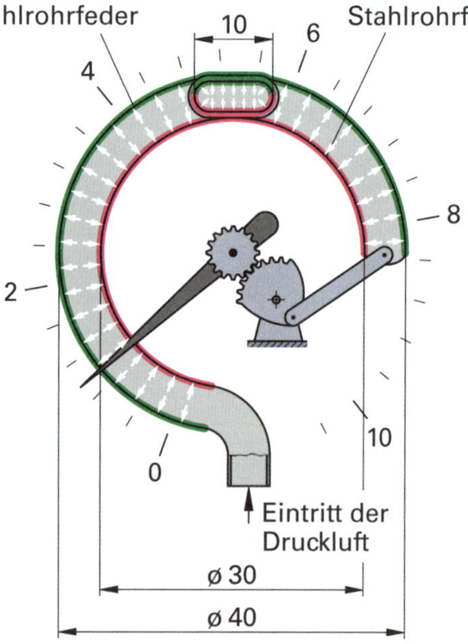

Schema der Rohrfeder mit Zahnradübersetzung

6. Beschreiben Sie mit eigenen Worten, welche Auswirkung diese Kräfte auf das Verhalten der Rohrfeder haben.

____

____

____

7. Erstellen Sie eine eigene Funktionsbeschreibung des Druckmessgerätes.

____

____

____

____

____

Warten technischer Systeme

Name:	Klasse:	Datum:	Seite:

Auftrag:

Die Kühlschmierstoffe aller Maschinen in Ihrem Betrieb müssen von Zeit zu Zeit überprüft, gegebenenfalls entsorgt und durch neue Kühlschmiermittel ersetzt werden.
Ihnen ist diese Aufgabe übertragen worden.

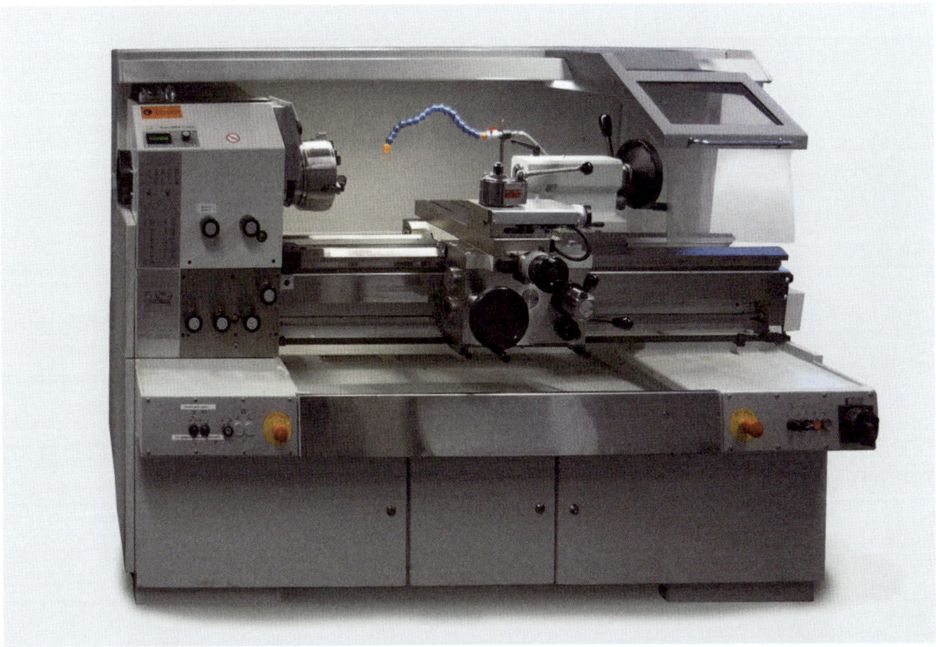

INFORMIEREN:

1. Welche zwei Hauptaufgaben erfüllen Kühlschmierstoffe?

____

____

____

____

____

2. Es gibt drei verschiedene Kühlschmierstoffarten. Nennen Sie die drei Arten und ergänzen Sie das Schaubild.

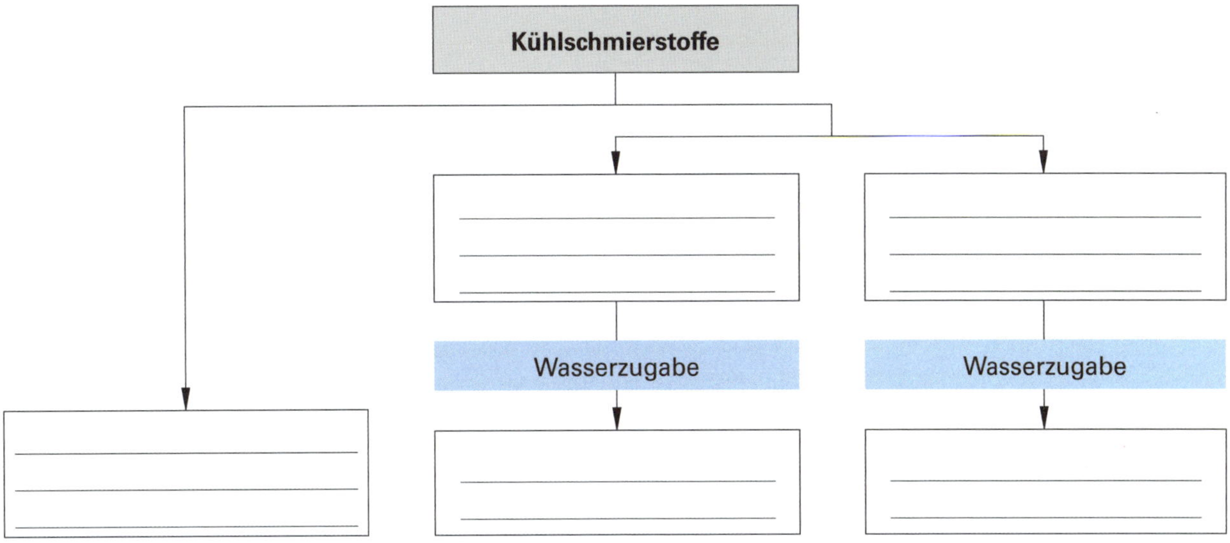

Warten technischer Systeme

Name:	Klasse:	Datum:	Seite:

3. Unterscheiden Sie Schneidöle und Emulsionen hinsichtlich ihrer Kühl- und Schmierwirkung.

4. Welche Aufgabe erfüllen die Zusätze der Kühlschmieremulsionen?

5. Welche weiteren Aufgaben können Kühlschmiermittel erfüllen?

6. Welche Werte sollten regelmäßig bei einem Kühlschmiermittel überprüft werden?

PLANEN

7. Welche Sicherheitsvorschriften müssen Sie beim Umgang mit Kühlschmiermitteln beachten?

8. Was müssen Sie bei der Entsorgung der Kühlschmierstoffe beachten?

DURCHFÜHREN

9. Beschreiben Sie die Vorgehensweise bei der pH-Wert-Messung des Kühlschmiermittels.

10. Beschreiben Sie die Vorgehensweise bei der Konzentrationsermittlung des Kühlschmiermittels.

11. Wie können Sie Späne und das an ihnen haftende Kühlschmiermittel voneinander trennen, bevor Sie die Späne dem Recycling zuführen?

Name:	Klasse:	Datum:	Seite:

KONTROLLIEREN

12. Unten ist ein Auszug des Wartungsprotokolls der Drehmaschine abgedruckt. Kontrollieren Sie die Werte und geben Sie die zu ergreifenden Maßnahmen in der Spalte „Bemerkungen“ an.

Maschine: Drehmaschine
Kühlschmierstoff: KSS 1203
Füllvolumen: 50 ℓ
Soll-Konzentration: 4 %
Soll-pH-Wert: 9

Kontrolle von	Konzentration (Richtwert)	pH-Wert (Richtwert)	Nitritgehalt (Richtwert)	Keimzahl (Richtwert)	Bemerkungen	Unterschrift des Maschinenführers
Grenzwerte	3,8 – 4,2 % (ca. alle 2 Tage)	8 – 9,5 (wöchentlich)	< 20 mg/l (ppm) (wöchentlich)	$< 10^6$ Keime/ml (monatlich)		
Datum						
21. August 2024	3,6 %	9,0	19 mg/l	$0,3 \cdot 10^6$		
28. August 2024	3,9 %	8,8	18 mg/l	–		
4. September 2024	4,5 %	9,0	17 mg/l	–		
11. September 2024	4,0 %	9,6	17 mg/l	–		
18. September 2024	4,1 %	9,0	18 mg/l	–		
25. September 2024	4,3 %	9,0	18 mg/l	$0,8 \cdot 10^6$		

Weiterführende Links:

Funktionsweise eines Refraktometers:

Umgang mit KSS:

Name:	Klasse:	Datum:	Seite:

Auftrag:

Bei modernen Architekturen werden verrostete Bauteile gerne als Gestaltungselemente integriert (siehe Bilder unten).
Normalerweise möchte man Rost (Korrosion) an Bauteilen vermeiden.

Sie haben von Ihrem Meister den Auftrag bekommen, sich über Korrosion zu informieren.
Bestimmte Korrosionsarten können in der Fassadengestaltung negative Auswirkungen haben. Aus diesem Grund ist bei der Auswahl z. B. der Befestigungsmaterialien auf Korrosionsschutz besonders Wert zu legen.

INFORMIEREN:

1. Erklären Sie den Begriff Korrosion.

Warten technischer Systeme

Name:	Klasse:	Datum:	Seite:

2. Die im Metallbau auftretende Korrosion hat überwiegend elektrochemische Ursachen.
Die Bilder (1 bis 5) zeigen einen Versuch:
Ein verzinkter Eisennagel wurde mittig metallisch blankgeschmirgelt und anschließend in ein Gefäß mit Wasser getaucht. Die Bilder sind in einem Abstand von jeweils drei Stunden aufgenommen worden.

a) Beschreiben Sie, was Sie beobachten, und versuchen Sie die Veränderungen zu erklären (Bild 7).

Bild 1

Bild 2

Bild 3

Bild 4

Bild 5

Bild 6

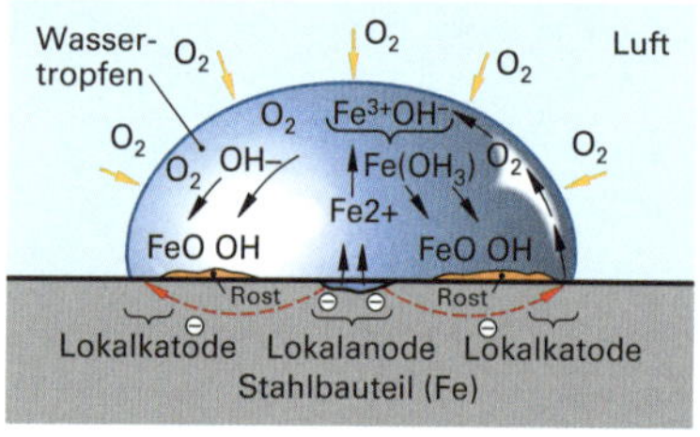

Bild 7

b) Warum reagiert der Eisennagel nicht flächig (Bild 6)?

3. Bei der elektrochemischen Korrosion durch Elementbildung (Kombination zweier unterschiedlicher Metalle) löst sich das unedlere Metall auf (siehe Aufgabe 2 b).
Sortieren Sie die folgenden Metalle entsprechend der Spannungsreihe: Al, Al-Legierung, Au, Cr, Cu, Fe, Mg, Sn, Zn

Name:	Klasse:	Datum:	Seite:

4. Auf einem Bauteil kann es zu verschiedenen Erscheinungsbildern der Korrosion kommen. Benennen Sie die Erscheinungsformen der Korrosion, die auf den Bildern dargestellt sind, und beschreiben Sie sie.

Erscheinungsform der Korrosion	Beschreibung der Korrosion
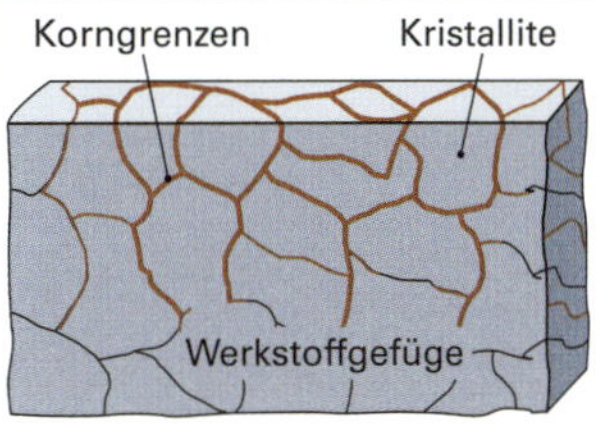	
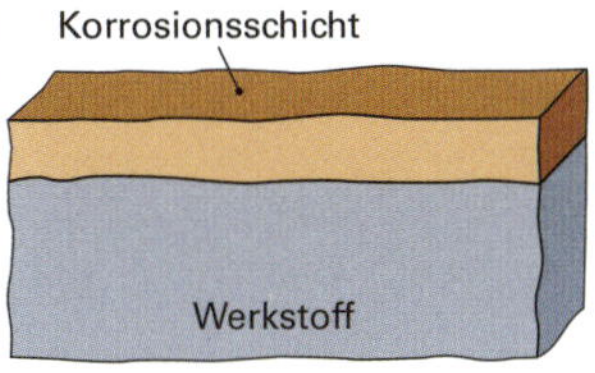	
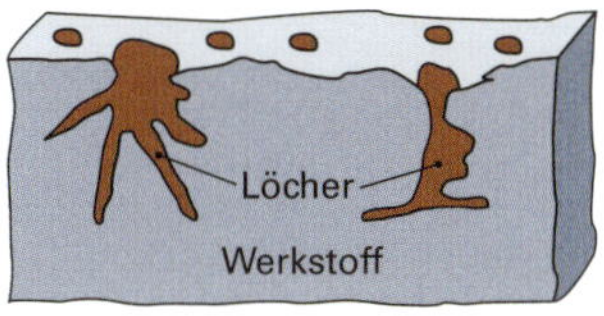	
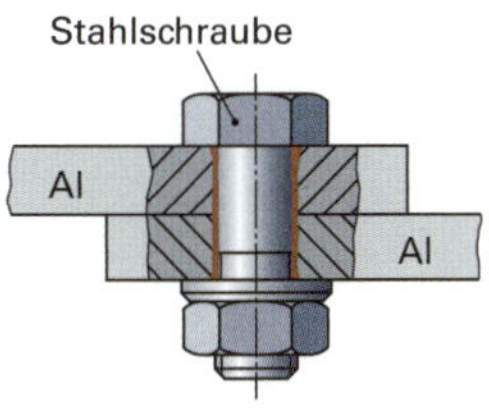	

5. Welche Korrosionsschutzmaßnahmen gibt es?

6. Warum sind Aluminium und Chrom korrosionsbeständiger als unlegierter Stahl, obwohl sie elektrochemisch unedler sind?

PLANEN

7. Warum korrodiert die Gebäudefassade (Bild auf S. 123)?

DURCHFÜHREN

8. Was müssen Sie bei der Befestigung der Fassadenverkleidung berücksichtigen?

KONTROLLIEREN

9. Der Kunde reicht nach einem halben Jahr eine Reklamation ein: Um die Verschraubung herum bilden sich andersfarbige Kreise (siehe Bild). Erklären Sie, wie es zu diesem Erscheinungsbild kommt.

10. Wie kann man die Bildung des helleren Rostringes verhindern?

Warten technischer Systeme

Name:	Klasse:	Datum:	Seite:

Auftrag:

In Ihrer Firma kommt der unten abgebildete Stromgenerator (technische Daten siehe Seite 134) zum Einsatz, wenn Sie im Außenbereich arbeiten müssen und in unmittelbarer Nähe kein Stromanschluss vorhanden ist.
Beim letzten Einsatz ist die Sicherung öfters „herausgesprungen". Aus diesem Grund hat Ihr Meister Ihnen den Auftrag gegeben, den Stromgenerator zu warten.

INFORMIEREN:

1. Erklären Sie den Begriff Strom.

2. Erklären Sie den Begriff elektrische Spannung.

Warten technischer Systeme

Name:	Klasse:	Datum:	Seite:

3. Welche Wirkungen hat der elektrische Strom? Nennen Sie zu jeder Wirkung zwei Beispiele.

Wirkung	Beispiel

4. In den Unterlagen des Stromgenerators finden Sie auch einen elektrischen Schaltplan mit vielen Schaltzeichen. Bezeichnen Sie die abgebildeten elektronischen Schaltzeichen.

Bildzeichen	Bezeichnung, Erläuterung

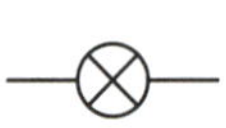	

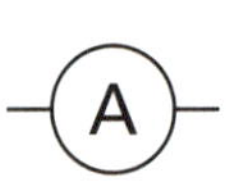	

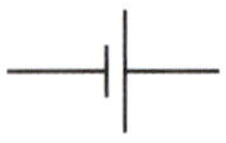	

Name:	Klasse:	Datum:	Seite:

5. Ihr altes Fahrrad hat noch einen Seitenläufer-Dynamo. Im Frontscheinwerfer ist eine Glühlampe eingebaut. Je schneller der Dynamo dreht, desto heller leuchtet die Glühlampe. Sie wollen die Beobachtung genauer untersuchen und haben den Strom, der durch die Glülampe fließt, und die Spannung, die zum gleichen Zeitpunkt an der Glühlampe anliegt, gemessen (siehe Tabelle).

a) Tragen Sie die Werte in das Diagramm ein.

U in V	*I* in A
1	0,018
2	0,035
3	0,050
4	0,065
5	0,084
6	0,100

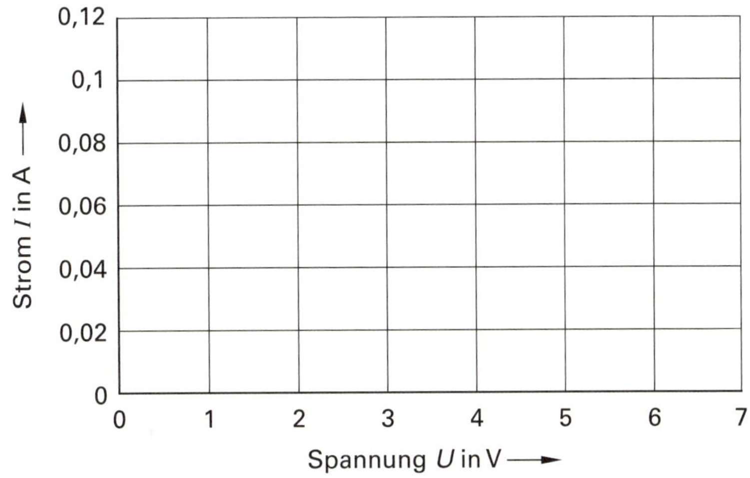

b) Was fällt Ihnen am Diagramm auf?

c) Was können Sie aus dieser Beobachtung schließen?

d) Berechnen Sie den Widerstand der Glühlampe bei jeder Spannung. Warum schwanken die berechneten Werte des Widerstandes *R*?

U in V	I in A	R in Ω
1	0,018	
2	0,035	
3	0,050	
4	0,065	
5	0,084	
6	0,100	

6. Sie haben zwei verschiedene Möglichkeiten, das Rücklicht an Ihrem Fahrrad ebenfalls an den Dynamo anzuschließen:

a) Bennen Sie die beiden Schaltungsarten.

b) Zeichnen Sie die Strom- und Spannungsmessgeräte ein.

c) Erklären Sie, was mit der Helligkeit der Lampe bei welcher Schaltung passiert und warum dies geschieht.

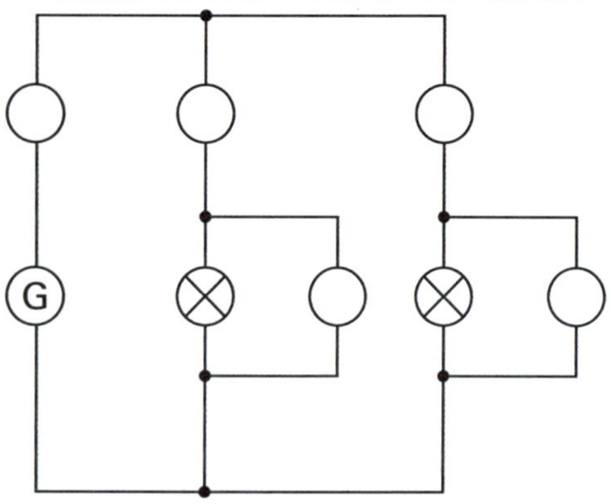

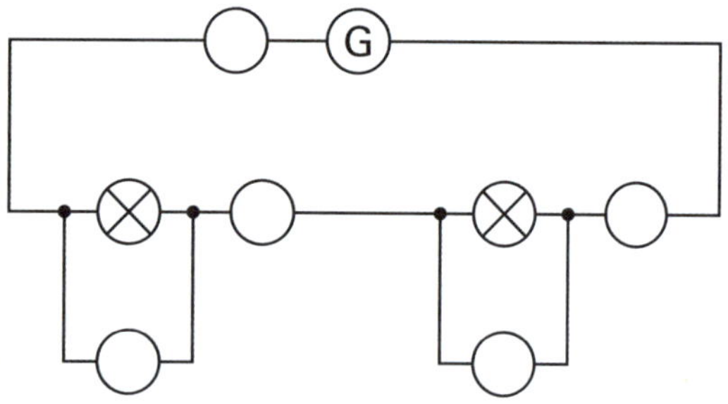

d) Wie schließen Sie das Rücklicht richtig an?

PLANEN

7. Der menschliche Körper hat einen Widerstandswert von R_{mK} = 1,7 kΩ. Ein Strom von I=40 mA kann für den menschlichen Körper tödlich sein. Ab welcher Spannung kann es bei Berührung zum Tode kommen?

Name:	Klasse:	Datum:	Seite:

8. Erklären Sie die Funktionsweise des Generators mithilfe der schematischen Skizze.

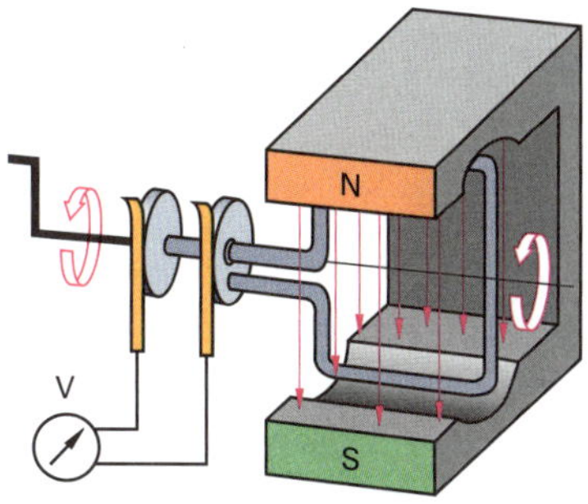

9. Welche Fehler können an elektrischen Anlagen auftreten? Erklären Sie diese.

Fehler	Erklärung

Name:	Klasse:	Datum:	Seite:

10. Mit Ihren jetzigen Kenntnissen zur Elektrotechnik versuchen Sie das Problem, dass die Sicherung öfters den Stromkreis unterbricht, genauer zu ergründen. Dazu erinnern Sie sich an den letzten Baustelleneinsatz:
Um vom Lärm des Stromgenerators nicht zu stark belästigt zu werden, haben Sie ihn ca. 20 m vom Arbeitsort entfernt aufgestellt. Die Distanz haben Sie mit einem Verlängerungskabel überbrückt. Um mit mehreren Arbeitsgeräten gleichzeitig arbeiten zu können, haben Sie an das Verlängerungskabel eine Mehrfachsteckdose angeschlossen. Folgende Geräte wurden angeschlossen:

- Schweißgerät (Betriebsspannung: $U = 230\,V$, Leistungsaufnahme: $P = 3{,}5\,kW$)
- Bohrhammer (Betriebsspannung: $U = 230\,V$, Leistungsaufnahme: $P = 720\,W$)
- Winkelschleifer (Betriebsspannung: $U = 230\,V$, Leistungsaufnahme: $P = 1750\,W$)

Die Steckdose des Stromgenerators ist mit 13 A abgesichert.

a) Wie groß ist der Strom, der durch die Leitung der Verlängerungsschnur fließt, wenn alle drei Geräte angeschlossen sind?

b) Welche Geräte dürfen Sie gleichzeitig benutzen?

c) Wie können Sie zukünftig auf Baustellen verhindern, dass die Sicherung den Stromkreis unterbricht?

Name:	Klasse:	Datum:	Seite:

DURCHFÜHREN

11. Während der Instandsetzung des Stromgenerators sehen Sie die unten abgebildeten Piktogramme. Erklären Sie deren Bedeutung.

Symbol	Bedeutung

12. Dürfen Sie als Auszubildende/-r den elektrischen Teil des Stromgenerators warten?

13. Welche Maßnahmen der Instandhaltung dürfen Sie am Stromgenerator durchführen?

Grundmaßnahme	Durchzuführende Tätigkeiten

Technische Daten des Stromgenerators:		
Generator-Typ		Synchron
Elektrische Leistung (1~) cos φ 1,0	VA	3000
Elektrische Leistung (3~) cos φ 1,0	VA	5000
Spannung (3~)	V	400
Spannung (1~)	V	230
Strom 3~	A	7.3
Maximaler Gesamtstrom (1~)	A	13
Frequenz	Hz	50
Schutzart Generator		IP 23
Zylinder		1
Drehzahlbereich	min^{-1}	3000
Kraftstoffart		Benzin
Motorölfüllmenge	l	0.8
Motorleistung	kW	5.8
Kühlung Motor/Generator		Luft/Luft
Tankinhalt	l	3.2
Gewicht	kg	70
Länge	mm	740
Breite	mm	500
Höhe	mm	530
Schallleistungspegel	dB(A)	98
Schalldruckpegel	dB(A)	70

Name:	Klasse:	Datum:	Seite:

Auftrag:

Sie haben den Auftrag bekommen, die stumpfen Bohrer neu anzuschleifen.
Während des Anschleifens fallen Ihnen drei Bohrer (Bilder 1 bis 3) ins Auge, die besonders verschlissen sind.
Sie möchten gerne herausfinden, wodurch diese Verschleißerscheinungen zustande kamen.

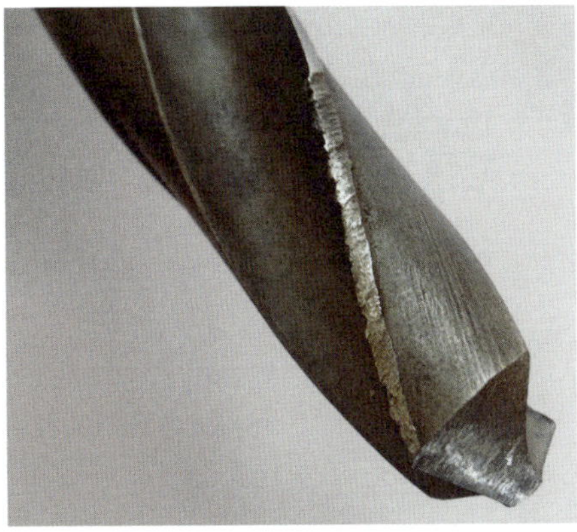

Bild 1

Bild 2

Bild 3

INFORMIEREN:

1. Was versteht man unter Verschleiß?

____

____

____

2. Welche Ursachen kann Verschleiß haben?

____

____

Name:	Klasse:	Datum:	Seite:

3. Es gibt vier Verschleißmechanismen. Skizzieren Sie diese, benennen Sie sie und erklären Sie den Verschleißmechanismus mit eigenen Worten.

Name:	Klasse:	Datum:	Seite:

PLANEN

4. Beschreiben Sie das Verschleißaussehen der verschiedenen Bohrer.

 Bild 1	
 Bild 2	
 Bild 3	

DURCHFÜHREN

5. Welche Ursachen kann der Verschleiß am Bohrer haben? Wie kann man den Verschleiß verhindern?

Bild	Verschleißursache	Verhinderung des Verschleißes
1		
2		
3		

Name:	Klasse:	Datum:	Seite:

KONTROLLIEREN

6. Nachdem Sie die Bohrer neu angeschliffen haben, müssen Sie den Anschliff auf Korrektheit überprüfen. Wie können Sie dies in der Praxis realisieren?

Übung 1: Isometrische Projektion

Das Modell des L-Winkels soll perspektivisch gezeichnet werden.

1. Bevor Sie anfangen das Modell zu zeichnen, müssen Sie sich mit den verschiedenen Linienarten vertraut machen.
Um das Modell zu zeichnen, benötigen Sie die in der Tabelle aufgeführten Linienarten. Ergänzen Sie die Tabelle, indem Sie die Darstellung der Linienart einzeichnen.

Benennung der Linienart	Darstellung in der Zeichnung	Linienstärke Bleistift
Sichtbare Kanten		
Verdeckte Kanten		
Mittellinie		

2. Die räumliche Darstellung eines Werkstückes ist hilfreich, um sich dieses besser vorstellen zu können.
Wie nennt man die unten abgebildeten Perspektivarten?

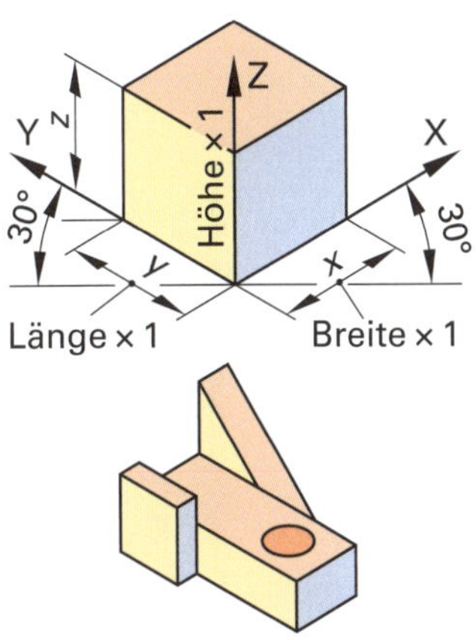

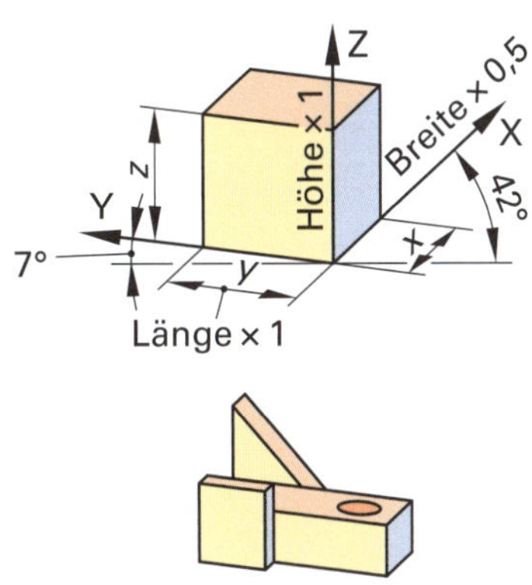

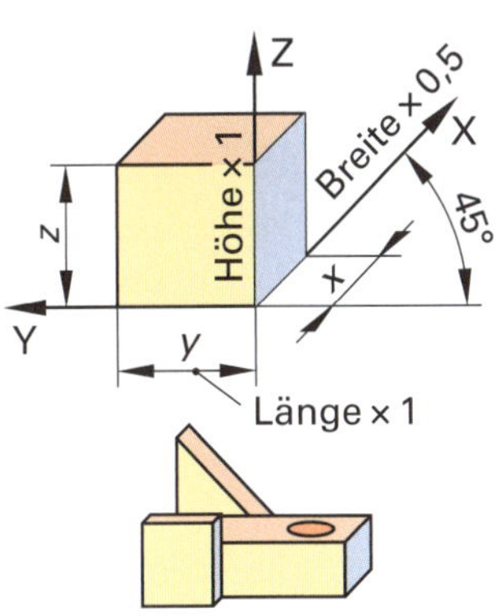

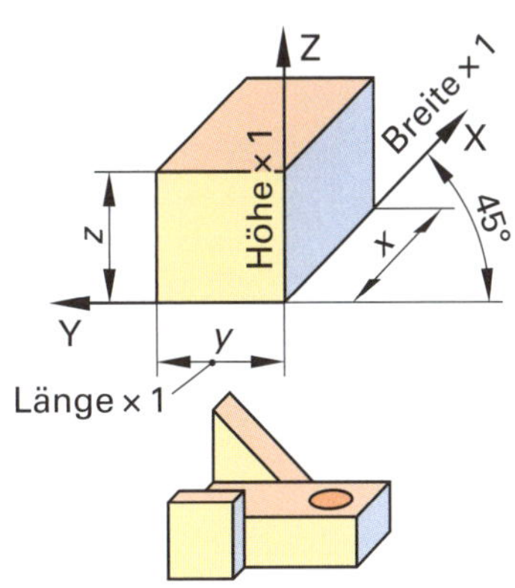

Name:	Klasse:	Datum:	Seite:

3. Schneiden Sie das Modell (Seite 141) aus und kleben Sie es zu einem Winkel zusammen.

4. Stellen Sie das Winkel-Modell in die jeweils vorgegebene Position vor sich und zeichnen Sie es in der jeweils angegebenen Perspektivart im Maßstab 1:1. Zeichnen Sie auch die verdeckten Kanten in den jeweiligen Ansichten ein.

a) Isometrische Projektion

b) Dimetrische Projektion

c) Kabinettperspektive

d) Kavalierperspektive

Bastelbogen zu Übung 1 und 2

Schneiden Sie den L-Winkel an den blauen Linien aus, knicken Sie ihn und kleben ihn zusammen.

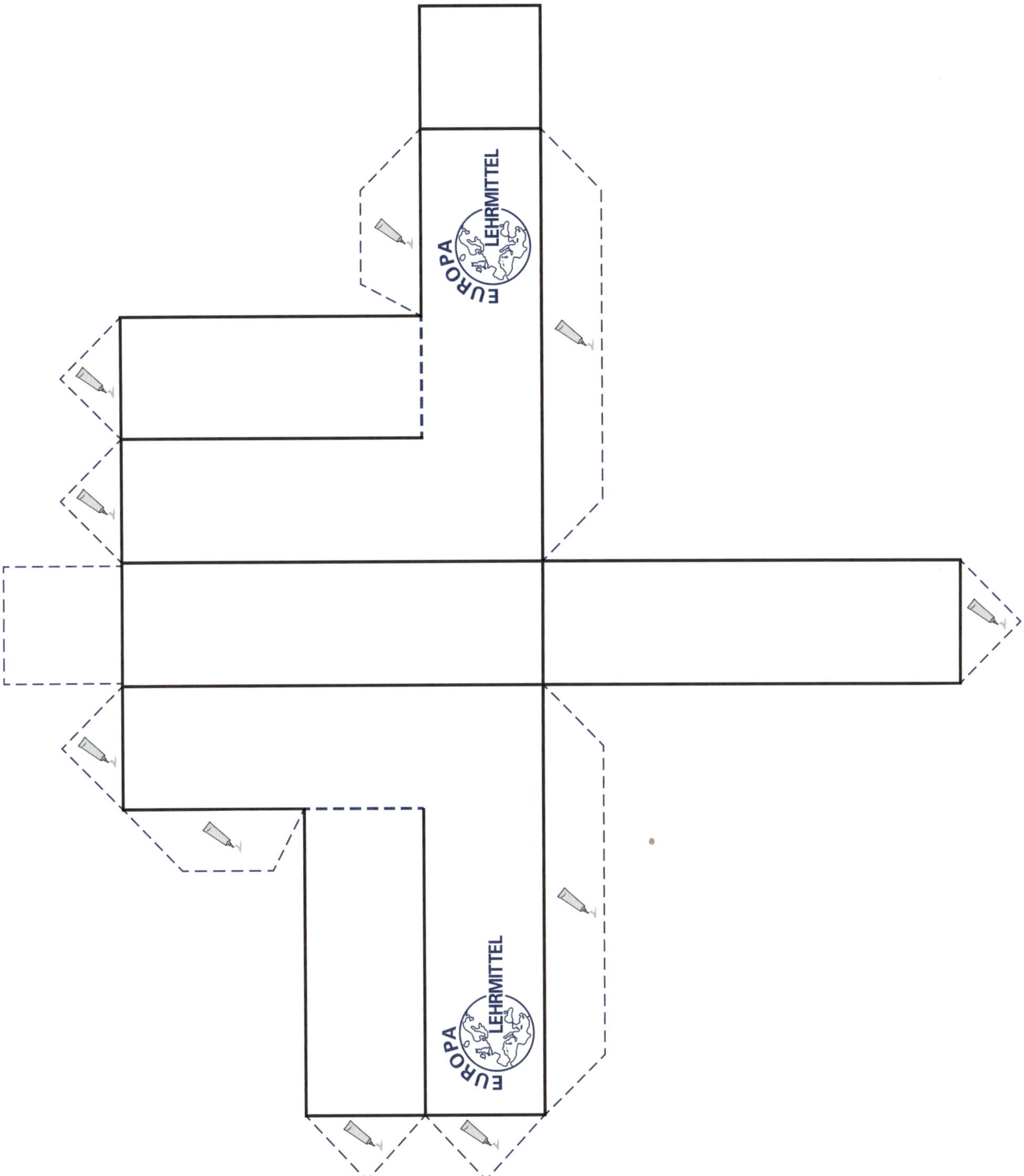

Name:	Klasse:	Datum:	Seite:

Maßstab ______

Schule	Erstellt durch	Titel, zusätzlicher Titel	Dokumentenart	
Klasse	Ausgabedatum		Zeichnungs-Nr.	Blatt

Name:	Klasse:	Datum:	Seite:

Maßstab

Schule	Erstellt durch	Titel, zusätzlicher Titel	Dokumentenart	
Klasse	Ausgabedatum		Zeichnungs-Nr.	Blatt

Lernsituation Technisches Zeichnen

Name:	Klasse:	Datum:	Seite:

Maßstab ____________

Schule	Erstellt durch	Titel, zusätzlicher Titel	Dokumentenart	
Klasse	Ausgabedatum		Zeichnungs-Nr.	Blatt

Lernsituation Technisches Zeichnen

Name:	Klasse:	Datum:	Seite:

Maßstab ____________

Schule	Erstellt durch	Titel, zusätzlicher Titel	Dokumentenart	
Klasse	Ausgabedatum		Zeichnungs-Nr.	Blatt

Übung 2: Projektionsmethode 1

Einen Gegenstand kann man aus sechs Blickrichtungen betrachten:

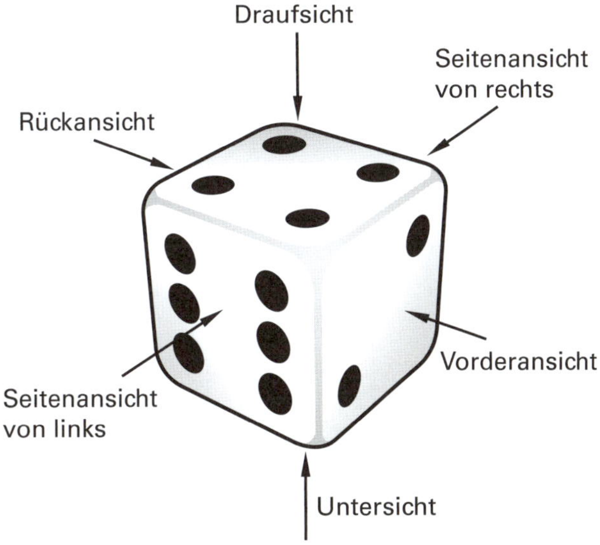

Der Hüllkörper des Würfels hat drei Dimensionen:
- die Höhe,
- die Breite und
- die Tiefe.

In jeder Ansicht einer technischen Zeichnung kommen nur zwei Dimensionen vor.

Vorderansicht (V)

Seitenansicht von links (SL)

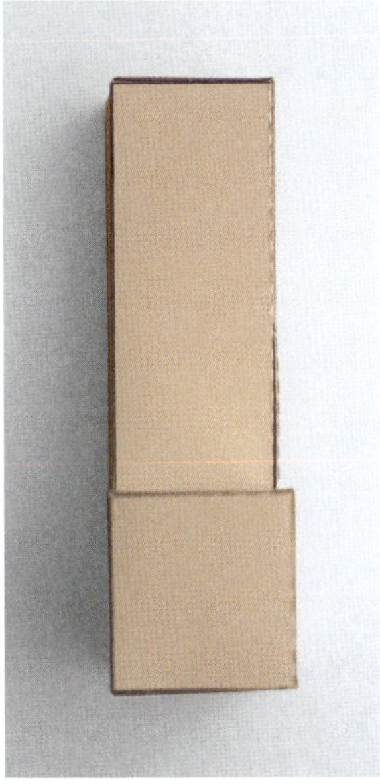

Draufsicht (D)

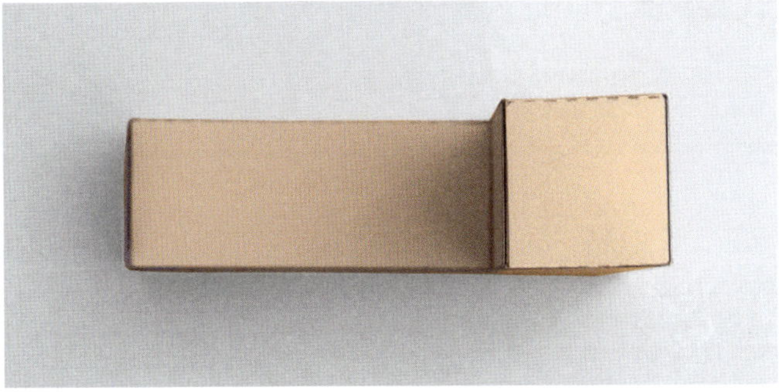

1. Zeichnen Sie den L-Winkel (Bild Seite 147) unter Zuhilfenahme der Konstruktionsvorlage (nächste Seite).

2. Zeichnen Sie den L-Winkel (Bilder siehe unten) in drei Ansichten nach Projektionsmethode 1. (Zeichnungsblätter Seite 150f.)

a)

Vorderansicht

b)

Lernsituation Technisches Zeichnen

Name:	Klasse:	Datum:	Seite:

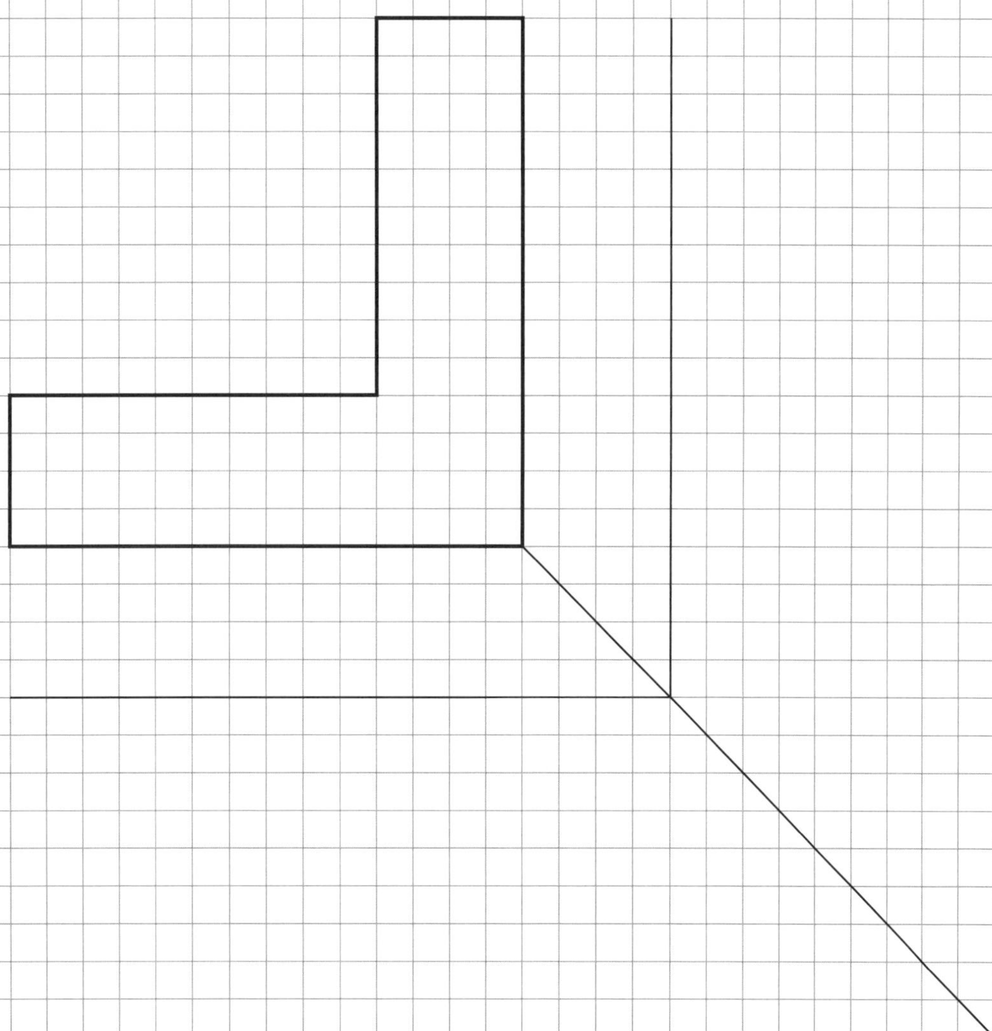

Maßstab ____________

Schule	Erstellt durch	Titel, zusätzlicher Titel	Dokumentenart	
Klasse	Ausgabedatum		Zeichnungs-Nr.	Blatt

Name:	Klasse:	Datum:	Seite:

Maßstab ______________________

Schule	Erstellt durch	Titel, zusätzlicher Titel	Dokumentenart	
Klasse	Ausgabedatum		Zeichnungs-Nr.	Blatt

Name:	Klasse:	Datum:	Seite:

Maßstab ______________

Schule	Erstellt durch	Titel, zusätzlicher Titel	Dokumentenart	
Klasse	Ausgabedatum		Zeichnungs-Nr.	Blatt

Übung 3: Übungsaufgabe zur Dimetrischen Ansicht und Projektionsmethode 1

1. Schneiden Sie das Modell des Haltewinkels (Seite 155) aus und kleben Sie es zusammen.

2. Zeichnen Sie den Haltewinkel in der Dimetrischen Ansicht (Ansicht siehe Foto).
Hinweis: Die verdeckten Kanten sind mit einzuzeichnen.

3. Zeichnen Sie den Haltewinkel in drei Ansichten nach Projektionsmethode 1.
Hinweis: Die verdeckten Kanten sind mit einzuzeichnen.
Die Vorderansicht ist durch einen Pfeil gekennzeichnet.

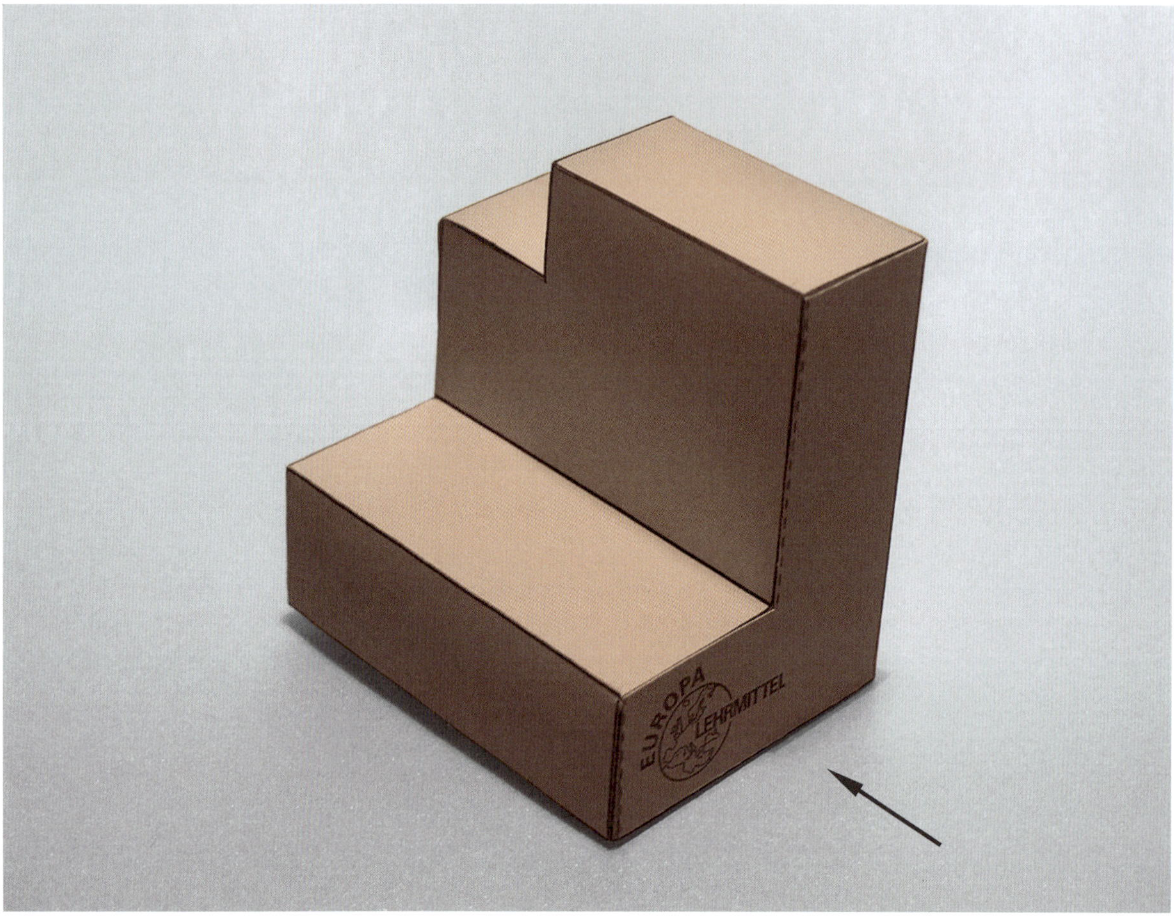

Lernsituation Technisches Zeichnen

Name:	Klasse:	Datum:	Seite:

Maßstab ______

Schule	Erstellt durch	Titel, zusätzlicher Titel	Dokumentenart	
Klasse	Ausgabedatum		Zeichnungs-Nr.	Blatt

Lernsituation Technisches Zeichnen

Name:	Klasse:	Datum:	Seite:

Maßstab ____________

Schule	Erstellt durch	Titel, zusätzlicher Titel	Dokumentenart	
Klasse	Ausgabedatum		Zeichnungs-Nr.	Blatt

Bastelbogen zu Übung 3

Schneiden Sie den Haltewinkel an den blauen Linien aus, knicken Sie ihn und kleben ihn zusammen.

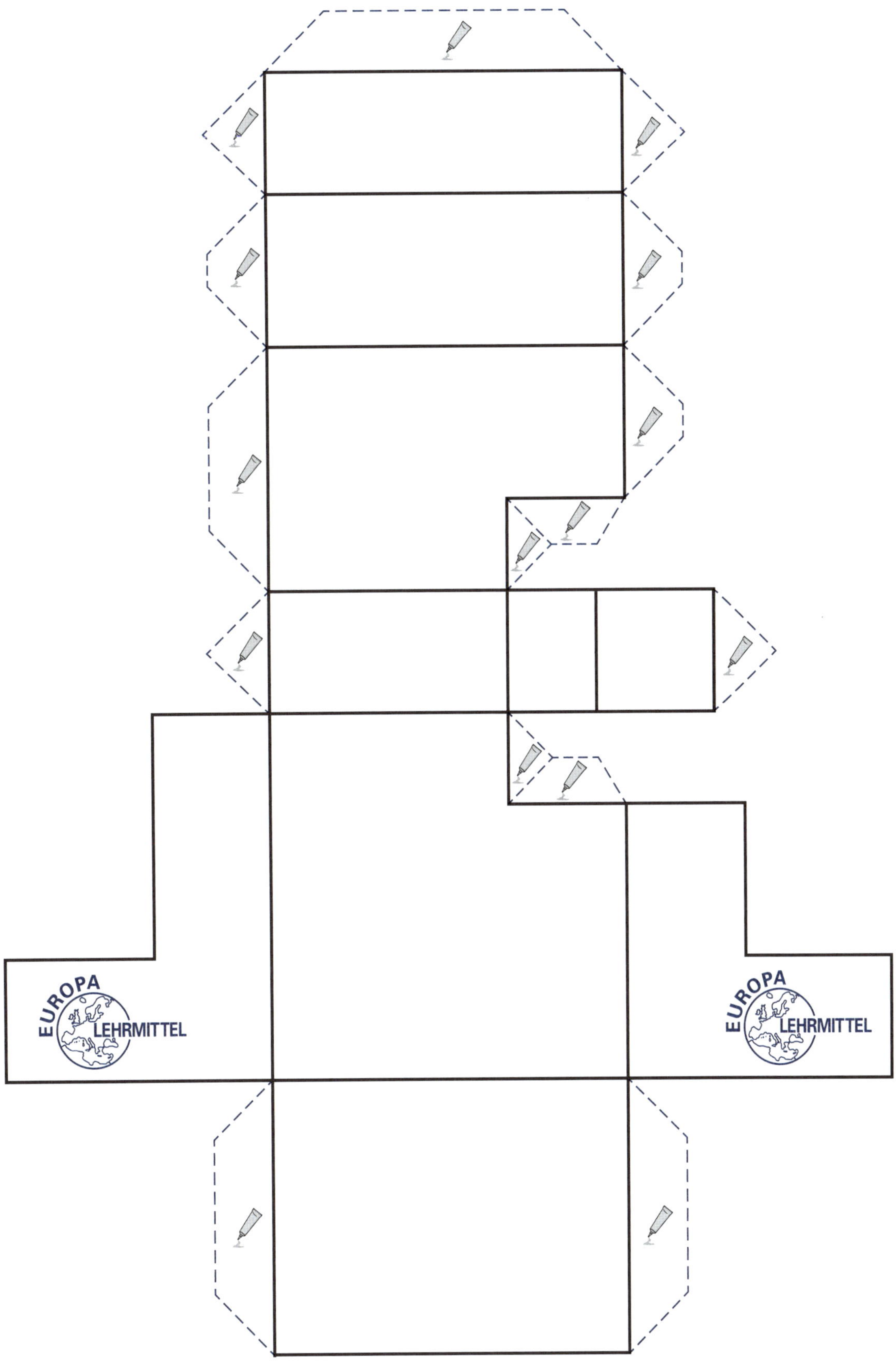

Übung 4: Raumvorstellung

1. Schneiden Sie den Körper aus (Seite 161) und knicken Sie ihn an den dafür vorgesehenen Kanten zu einem dreidimensionalen Körper.

2. Zeichnen Sie die Vorderansicht, die Seitenansicht und die Draufsicht der in den Bildern dargestellten Körper. Die verdeckten Kanten sind einzuzeichnen.

a)

b)

c)

d)

e)

f)

Name:	Klasse:	Datum:	Seite:

a)

b)

Maßstab ____________

Schule	Erstellt durch	Titel, zusätzlicher Titel	Dokumentenart	
Klasse	Ausgabedatum		Zeichnungs-Nr.	Blatt

Name:	Klasse:	Datum:	Seite:

c)

d)

Maßstab

Schule	Erstellt durch	Titel, zusätzlicher Titel	Dokumentenart	
Klasse	Ausgabedatum		Zeichnungs-Nr.	Blatt

Name:	Klasse:	Datum:	Seite:

e)

f)

Maßstab

Schule	Erstellt durch	Titel, zusätzlicher Titel	Dokumentenart	
Klasse	Ausgabedatum		Zeichnungs-Nr.	Blatt

Bastelbogen zu Übung 4

Schneiden Sie den Haltewinkel an den blauen Linien aus, knicken Sie ihn und kleben ihn zusammen.

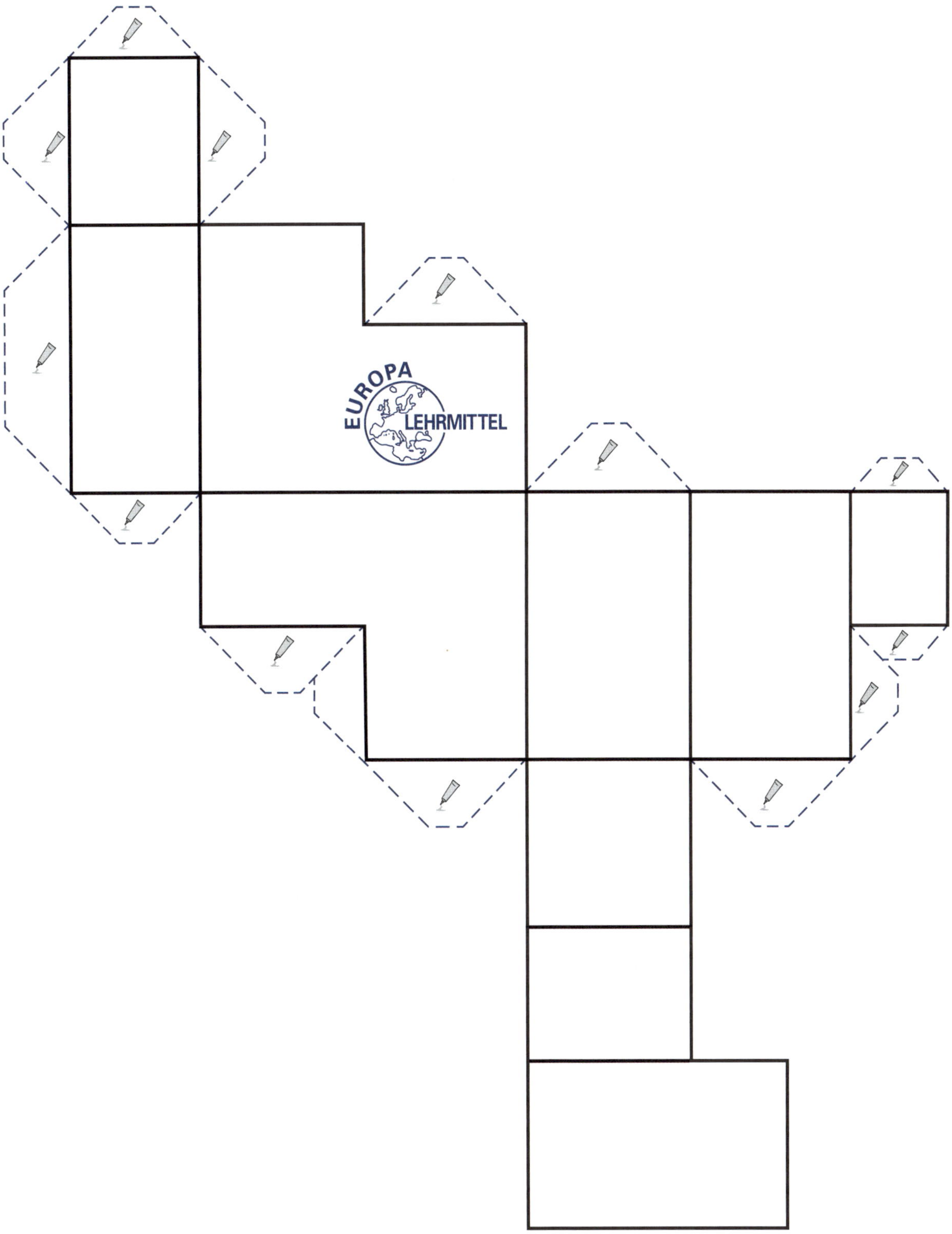

Übung 5: Bemaßungsübung

Hinweis: Regeln zur Bemaßung finden Sie im Fachbuch.

a) Bemaßen Sie das Knotenblech normgerecht. Die Dicke der Platte beträgt 10 mm.

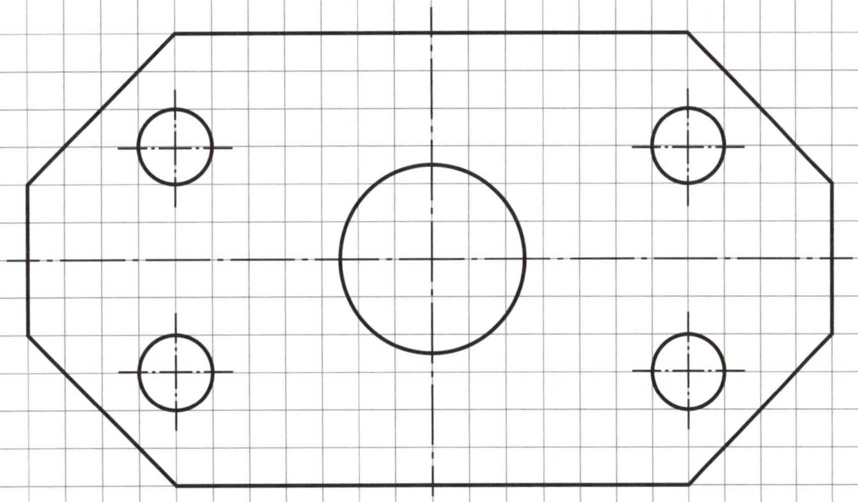

b) Bemaßen Sie den Kolben funktions- und normgerecht.

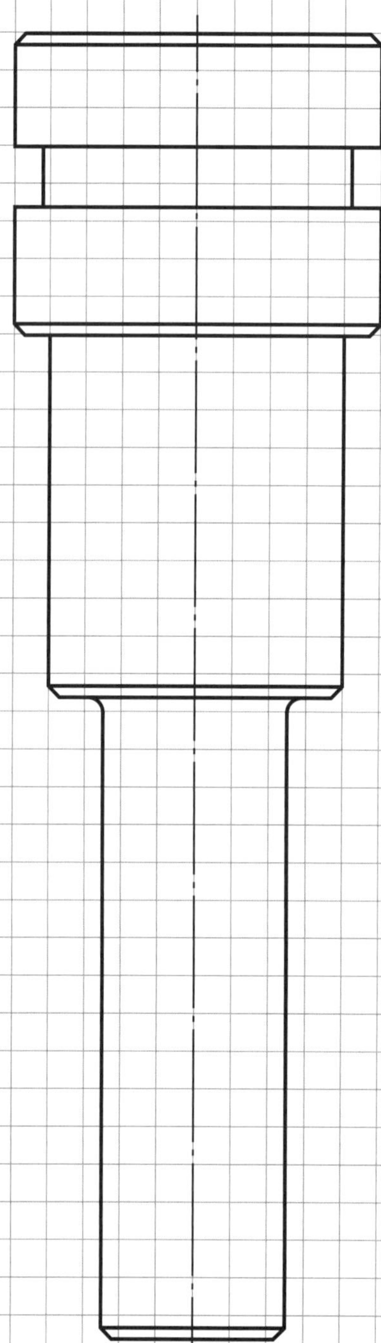

c) Tragen Sie die fehlenden Kanten ein und bemaßen Sie die Spannpratze normgerecht.

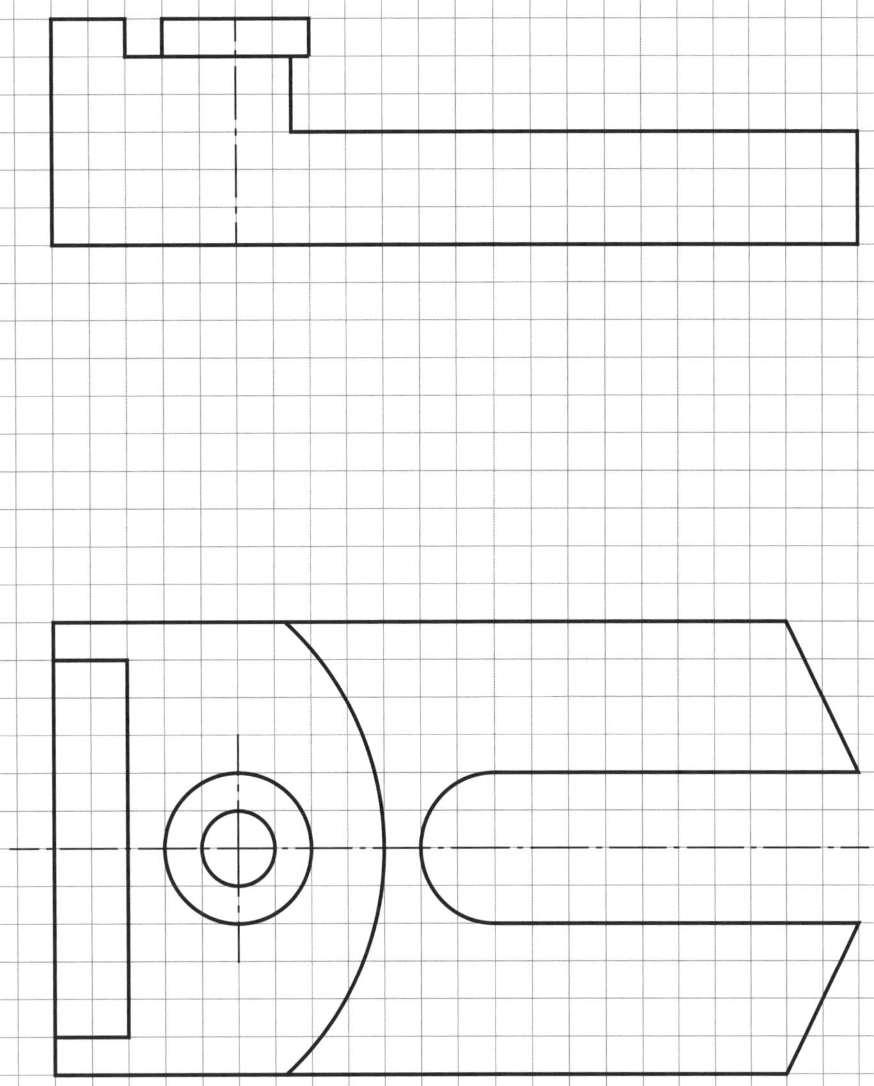

Name:	Klasse:	Datum:	Seite:

Übung 6: Schnittdarstellung

1. Erstellen Sie anhand der Skizze eine normgerechte Zeichnung in der Vorderansicht (durch Pfeil gekennzeichnet) und in der Draufsicht (im Vollschnitt).

Hinweis: Folgende Maße hat die Grundplatte: Länge: 80 mm; Breite: 60 mm; Dicke: 14 mm.

Die Bohrungen sind so zu wählen, dass eine Zylinderschraube ISO 4762 – M6 × 30 8.8 durchgeführt werden kann.
In die Bodenplatte ist von der Vorderansicht eine Senkung nach DIN 974-1 einzutragen.
Die Bohrungen haben einen Abstand von 40 mm und sind symmetrisch angeordnet.

2. Bemaßen Sie das Werkstück normgerecht.

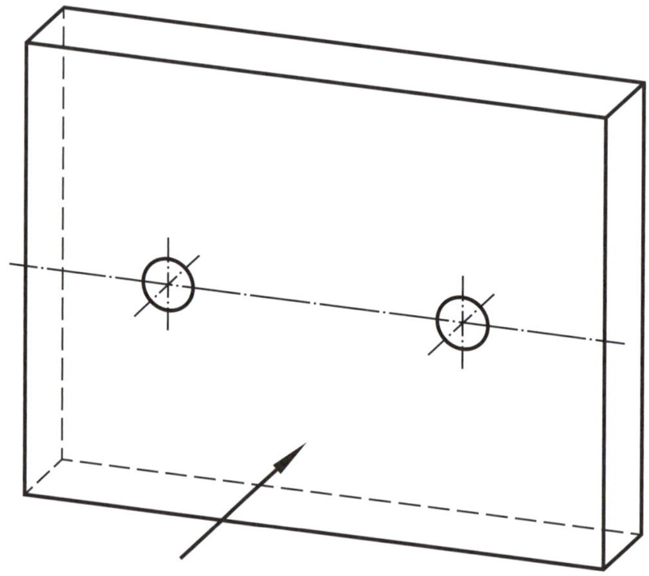

Name:	Klasse:	Datum:	Seite:

Maßstab ______________

Schule	Erstellt durch	Titel, zusätzlicher Titel	Dokumentenart	
Klasse	Ausgabedatum		Zeichnungs-Nr.	Blatt

Übung 7: Vertiefung Schnittdarstellung

1. Die Abbildung zeigt die zur Hälfte dargestellte Grundplatte.
Die senkrechten Bohrungen haben einen Durchmesser von 9 mm. Die Senkungen sind nach DIN 974-1 für eine Zylinderschraube ISO 4762 M8 vorzunehmen.
Die verdeckt gezeichneten Gewinde M8 haben eine nutzbare Gewindelänge von 10 mm und eine Bohrtiefe von 18 mm.
Alle weiteren Maße sind der Isometrischen Projektion zu entnehmen.
Zeichnen Sie die Vorderansicht (durch Pfeil gekennzeichnet) und die Draufsicht der Grundplatte. Wählen Sie die Schnitte so, dass Sie sie komplett bemaßen können.

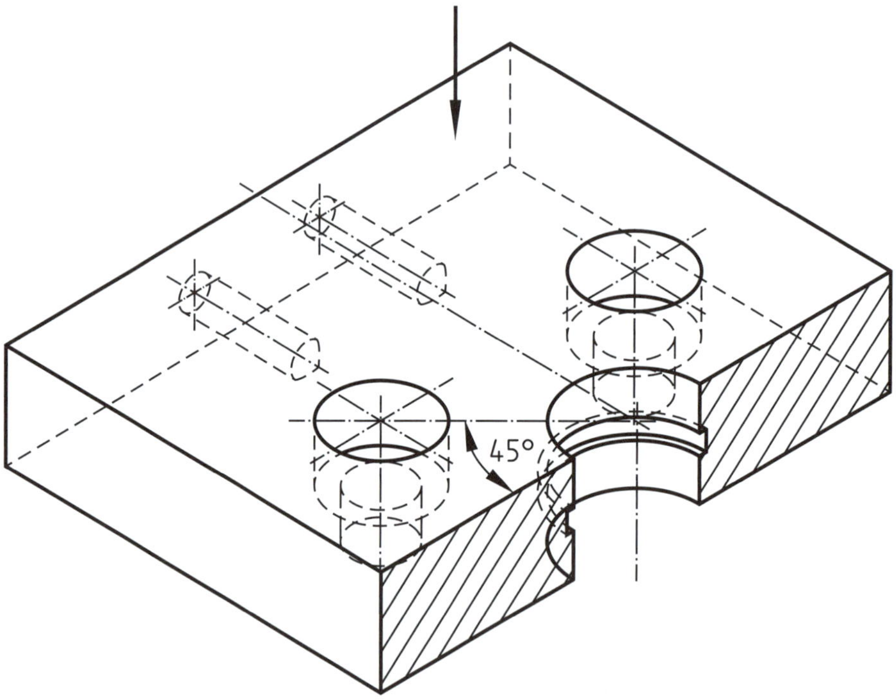

Name:	Klasse:	Datum:	Seite:

Übung 8: Gewindedarstellung

Hinweis: Informationen zur Gewindedarstellung finden Sie im Fachbuch.

1. Zeichnen Sie das Durchgangsgewinde für M24 ein.

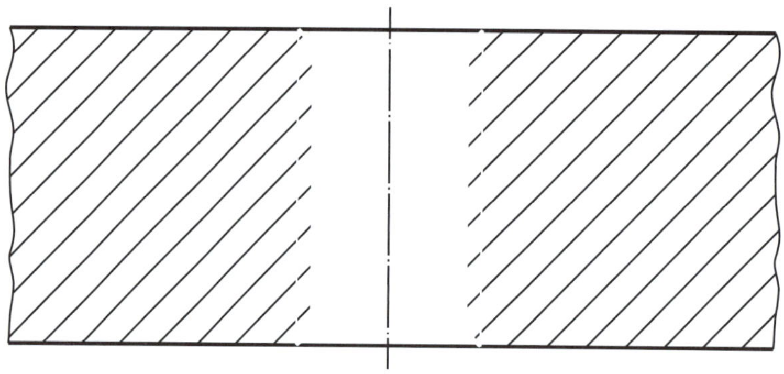

2. Zeichnen Sie das Durchgangsgewinde M24 als verdecktes Gewinde ein.

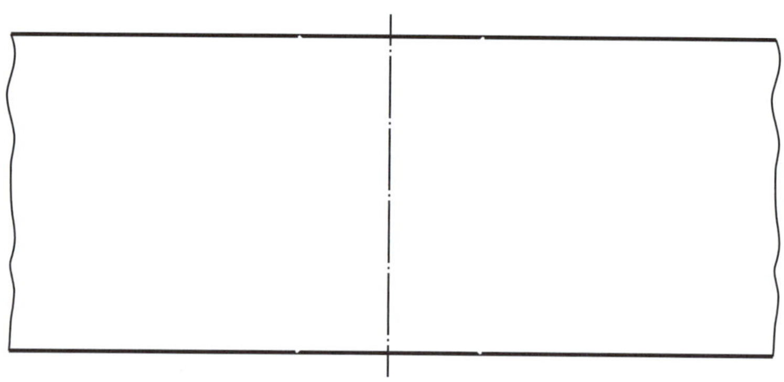

3. Ergänzen Sie die Schnittdarstellung (M24) normgerecht. Die Einschraubtiefe der Schraube beträgt 15 mm.

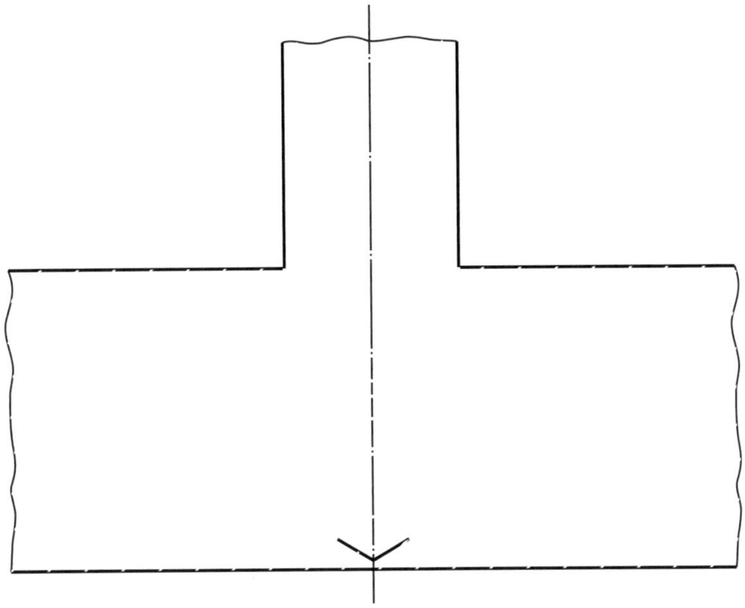

4. Ergänzen Sie die Schnittdarstellung (M24) normgerecht.

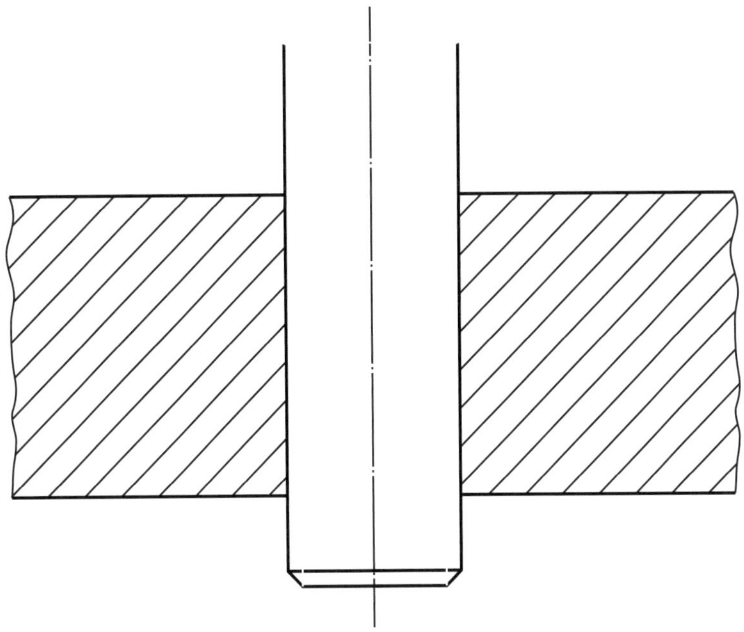

5. Die beiden Platten sollen mit einer Schraubenverbindung verbunden werden.
Schraube: Sechskantschraube ISO 4017 – M36 × 100 8.8
Unterlegscheiben: 2x ISO 7089-36
Mutter: Sechskantmutter ISO 4032 M36
Ergänzen Sie die Zeichnung.

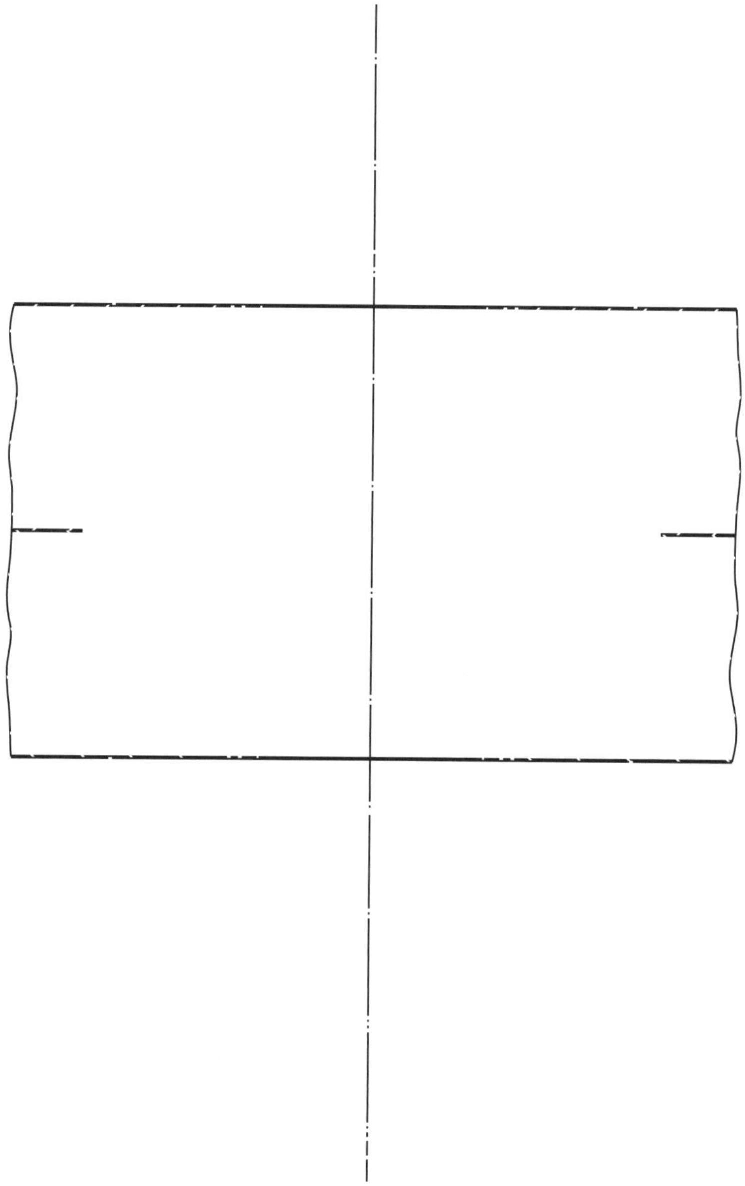

Name:	Klasse:	Datum:	Seite:

Übung 9: Abschlussprojekt

1. Zeichnen Sie vom isometrisch dargestellten Masthalter die Teile der Gruppenzeichnung in der Vorderansicht und in der Draufsicht im Maßstab 1:1. Die Senkung ist nach DIN 974 vorzunehmen.
Der Masthalter wird mit folgenden Normteilen verschraubt:

- 2 Zylinderschrauben mit Innensechskant ISO 4762 – M8 × 25 (Pos. 3)
- 2 Sechskantmuttern ISO 4032 – M8 (Pos. 4)
- 2 Scheiben ISO 7089 – 8 (Pos. 5).

Hinweis: Die Vorderansicht ist im Halbschnitt darzustellen. (Die Vorderansicht ist durch einen Pfeil gekennzeichnet.)

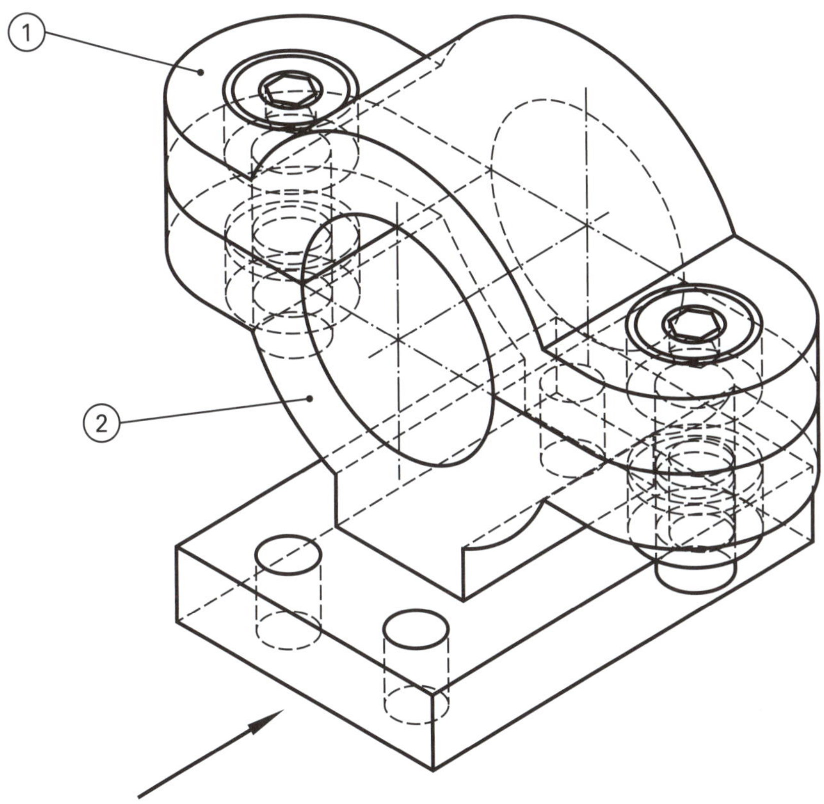

2. Füllen Sie die Stückliste aus.

1 Pos.	2 Menge	3 Einheit	4 Benennung	5 Sachnr./Norm-Kurzbezeichnung	6 Werks./Bemerkung

Lernsituation Technisches Zeichnen

Name:	Klasse:	Datum:	Seite:

Maßstab ______

Schule	Erstellt durch	Titel, zusätzlicher Titel	Dokumentenart	
Klasse	Ausgabedatum		Zeichnungs-Nr.	Blatt

Name:	Klasse:	Datum:	Seite:

Musterlösungen der technischen (mathematischen) Aufgaben

Auszubildende, die ihre Lehre neu begonnen haben, haben öfter Probleme, technische Aufgaben zu lösen. Sehr oft werden die Aufgabenstellungen mit Worten beschrieben. Das Verstehen des Textes bereitet manchmal Schwierigkeiten. Die Lösung scheint dann unerreichbar zu sein.

Diese Textaufgaben lassen sich leichter lösen, wenn man ein bestimmtes Lösungsschema („Rezept") verfolgt. Dies wollen wir nun gemeinsam an einem Beispiel ausprobieren.

Aufgabenstellung:
Für ein Druckleitungssystem müssen die Metallrohre eine lichte Querschnittsfläche von $A = 410\,\text{mm}^2$ und eine Wandstärke von $T = 2\,\text{mm}$ haben.
Wählen Sie ein geeignetes Rohr aus.

Lösungsschritte:

1. Zunächst wird eine Skizze der im Text beschriebenen Aufgabe erstellt.

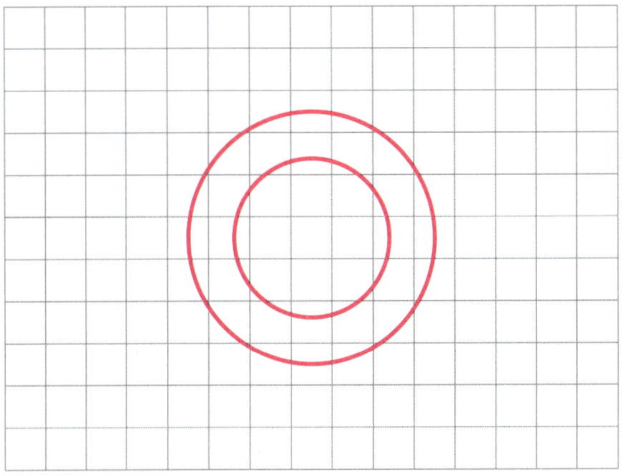

2. Im zweiten Schritt werden die in der Aufgabenstellung gegebenen Werte herausgeschrieben (und zusätzlich in die Zeichnung eingetragen). Diese Werte kann man schon während des Durchlesens markieren, damit sie beim Herausschreiben sofort ins Auge stechen.
   Hinweis: Es kann sehr hilfreich sein, die gegebenen Werte in der Farbe Grün einzutragen.

   Geg.:

   $A = 410\,\text{mm}^2$

   $T = 2\,\text{mm}$

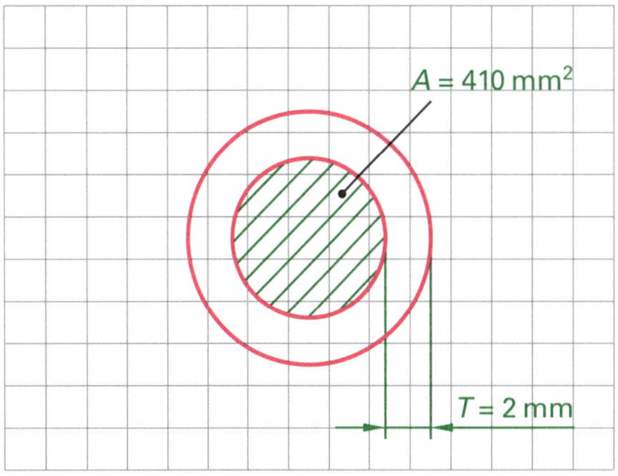

3. Im dritten Schritt werden die in der Aufgabenstellung gesuchten Werte herausgeschrieben (und zusätzlich in die Zeichnung eingetragen). Man sollte auch schon die Einheit der gesuchten Größe angeben. Diese Werte kann man schon während des Durchlesens markieren, damit sie beim Herausschreiben sofort ins Auge stechen.
   Hinweis: Es kann sehr hilfreich sein, die gesuchten Werte in der Farbe Rot einzutragen.

   Ges.:

   $D = ?$ in mm

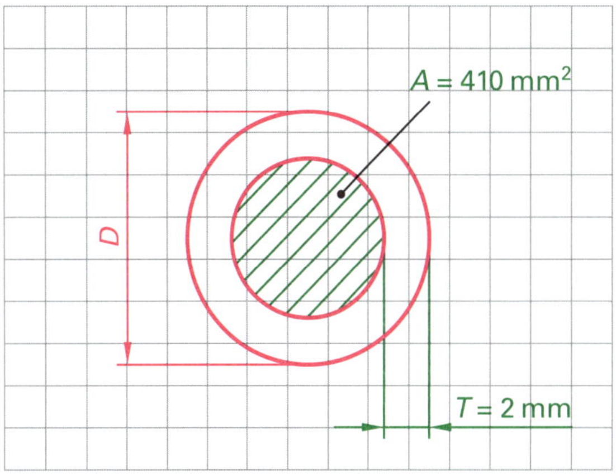

4. Nun wird/werden die allgemeine/-n Formel/-n aufgeschrieben. Hinweis: Es kann hilfreich sein, in der allgemeinen Formel die gegebenen Größen grün, die gesuchten Größen rot einzukreisen.

$A = \frac{d^2}{4} \cdot \pi \quad D = d + 2 \cdot T$

5. Im anschließenden Schritt wird die allgemeine Formel nach der gesuchten Größe umgestellt. Dabei kann es hilfreich sein, die durchgeführten Rechenschritte entsprechend aufzuschreiben.

$A = \frac{d^2}{4} \cdot \pi \quad / \cdot 4$

$4 \cdot A = d^2 \cdot \pi \quad / \div \pi$

$\frac{4A}{\pi} = d^2 \quad / \sqrt{}$

$d = \sqrt{\frac{4A}{\pi}}$

6. Im sechsten Schritt werden die gegebenen Werte in die umgestellte Formel eingesetzt und die gesuchten Werte berechnet.

$d = \sqrt{\frac{4 \cdot 410\,\text{mm}^2}{\pi}} = 22{,}84\,\text{mm}$

$D = 22{,}84\,\text{mm} + 2 \cdot 2\,\text{mm}$

$D = 26{,}84\,\text{mm}$

7. Nun werden die berechneten Werte technisch sinnvoll gerundet.

$D = 26{,}84\,\text{mm} \approx 26{,}9\,\text{mm}$

8. Falls erforderlich, kann noch ein Antwortsatz formuliert werden.

Der berechnete äußere Durchmesser des Rohres beträgt $D = 26{,}90\,\text{mm}$. Ausgewählt wird das Rohr DIN EN ISO 1127 – X5CrNi18-10-26,90 × 2,0